养猫第一课

你准备好养猫了吗？

陈凛蕾　郑艺蕾　林翔宇　编著

中国纺织出版社有限公司

图书在版编目（CIP）数据

养猫第一课 / 陈孱蕾，郑艺蕾，林翔宇编著. -- 北京 : 中国纺织出版社有限公司，2023. 3
（我爱萌宠）
ISBN 978-7-5180-9510-0

Ⅰ. ①养… Ⅱ. ①陈… ②郑… ③林 Ⅲ. ①猫－驯养 Ⅳ. ①S829. 3

中国版本图书馆CIP数据核字（2022）第066009号

责任编辑：范红梅　　责任校对：王蕙莹　　责任印制：王艳丽

中国纺织出版社有限公司出版发行
地址：北京市朝阳区百子湾东里 A407 号楼　邮政编码：100124
销售电话：010—67004422　传真：010—87155801
http: //www.c-textilep.com
中国纺织出版社天猫旗舰店
官方微博 http: //weibo.com/2119887771
天津千鹤文化传播有限公司印刷　各地新华书店经销
2023 年 3 月第 1 版第 1 次印刷
开本：880×1230　1/32　印张：5.25
字数：87 千字　定价：49.80 元

前言

过去的十余年，我作为宠物医生，遇到过形形色色的关于养猫的问题。因此，我结合在美国学到的新理念与目前我国养猫环境的实际情况写了这本书，志在普及一些预防医学、营养学、行为学和临床医学的基础知识，为“铲屎官”提供科学的养猫小贴士。用通俗易懂的语言，解释“铲屎官”们常见的疑问。本书非常适合爱猫人士和养猫宠主阅读，特别是计划养猫的新手哦。

猫咪能给予家庭快乐，但同时他们也是脆弱的，猫咪的一生有哪些关键的时刻需要“铲屎官”帮忙或做出决定呢？这本书意在表达宠主和宠物医生对猫咪的怜爱，希望广大“铲屎官”们能够科学喂养猫咪，对待疾病能做到早发现、早治疗，并充分理解猫咪的心理需求，让我们一起为猫咪的福祉共同努力吧。

单丝不成线，独木不成林。我个人的知识和见识是有限的，于是我邀请了与我志趣相投的好朋友、好伙伴、好同事——郑艺蕾博士和林翔宇博士共同完成本书的写作。我要感谢这两位好友对本书的贡献，我非常享受与他们头脑风暴的时刻。另外，我还要感谢给我提出过宝贵意见的学生们。

陈昺蕾

2022 年 8 月

目录

养猫第一课

第1章

成为一名合格的“铲屎官”，你做好准备了吗？

陈綦蕾

“天呐！这团毛茸茸的小生命真可爱，我要养一只！”“‘撸猫’似乎很时尚，我也要赶时髦！”等一下，养猫，你真的准备好了吗？

“哎呀，这家伙把我的真皮沙发给抓破了！”“去去去，家里人要怀孕了，赶紧把猫送走！”这些常见的说法已经成为主人们弃养猫咪的主要原因。所以，你真的准备好养猫了吗？

根据美国爱护动物协会（The American Society for the Prevention of Cruelty to Animals®，ASPCA®）统计，美国每年约有650万只动物进入动物收容所，其中150万只动物予以实施安乐死。而在中国，目前还没有权威机构发布相关的具体数字。

或许你不曾有切身体会，但流浪猫真的不计其数。当你走在小

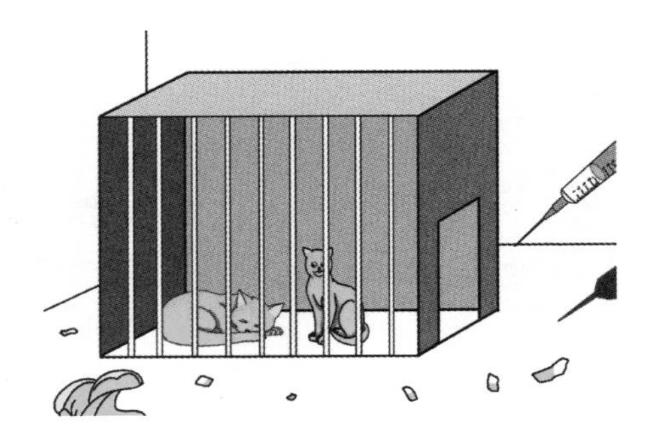

区里、校园里，猫咪上蹿下跳的身影随处可见；每到春季的晚上，你也总能听到猫咪此起彼伏的“爱情交响曲”。

关于猫咪的一些基本事实

❶ 猫咪的平均寿命为14~20年。

❷ 猫咪一天睡16~18小时。

❸ 猫咪4~6月龄即达到性成熟，妊娠期为58~65天，每年可最多怀孕4~5次，每次能产崽3~6只，甚至更多！

❹ 猫尿是肾脏高度浓缩的液体，里面有含硫氨基酸，因此味道较重。

❺ 猫和人一样容易患有某些慢性病，如糖尿病、肾病、心脏病等。

❻ 人均单只宠物猫的年消费金额大约为4700元。

如果了解清楚了以上事实，并且排除了你不可控的因素外，你养猫的欲望依然十分强烈，那恭喜你，请继续阅读本书。

一个好的主人应该做的事

❶ 为猫咪提供一个安全、洁净的生活环境，充足的活动空间，可靠的食物和水源。

❷ 定期为猫咪进行预防注射（如狂犬疫苗）。

③ 当猫咪患病时，请合格的宠物医生为他[1]提供治疗，减少疾病带来的痛苦。

④ 不随意出售、转让和丢弃猫咪。

⑤ 不虐待猫咪。

⑥ 遵守当地相关法律法规，文明养宠。

纯种猫 vs 家猫

国际爱猫联合会（Cat Fancier Association，CFA）数据显示，2021年度最受欢迎猫咪品种的前十名分别为布偶猫、缅因猫、异国短毛猫、波斯猫、德文猫、英国短毛猫、阿比西尼亚猫、美国短毛猫、苏格兰折耳猫和加拿大无毛猫。纯种猫的一些身体特征如折耳、短腿等源于基因突变。当我们人为地培育这种品系，让他们近亲繁育，一些变异的带病基因也会在纯种猫中保留下来。因此，纯种猫患有较多的遗传性疾病。

如

肥大性心肌病常见于布偶猫、缅因猫、喜马拉雅猫、缅甸猫等品种；多囊性肾病多发于波斯猫；渐行性视网膜萎缩多发于孟加拉国猫、波斯猫、阿比西尼亚猫和索马里猫等。

[1] 出版者注：为体现作者对动物的情感，全书将对猫的称呼人格化为“他”。

相较而言，家猫在避免遗传病方面显得更有优势。在美国，多数人会选择养家猫而非纯种猫。美国家猫根据其毛发的长度分为短毛猫和长毛猫。我国本土的家猫也是“环肥燕瘦”，各有各的特点。我小时候养的第一只猫就是山东狮子猫，一养就是20年，猫咪身体倍儿棒，吃嘛嘛香。到目前为止，我还是非常钟情山东狮子猫，特别是他那宝石蓝般的眼睛。除了山东狮子猫，我国本土的家猫还有狸花猫、四川简州猫、三花猫、黑猫和“大胖橘”等。

俗话说，情人眼里出西施，萝卜青菜各有所爱。如果你不是从事猫咪繁殖的专业人员，那么猫咪的血统是否纯正，对你来说影响并不大。挑选与你互动良好、适合你家庭情况的猫咪才是王道哦！

猫从哪里来？

（一）购买

俗话说“好狗好猫不出门”，这句话的意思是好的幼猫在出生的时候就会被购买者订走，这种优质猫咪通常供不应求。购买猫咪的地方有猫舍、花鸟市场和宠物店等。这些猫咪们都有一个共同特点，就是生活在多猫环境里。因此，购买时需要注意这些猫咪可能有患病毒性、寄生虫性传染病的潜在风险。传染病一般都有潜伏期，也就是说猫咪可能已经感染上了疾病，只是暂时还没有临床症状表现而已。由于外部条件等诱因，特别是应激导致猫咪免疫力低下时，临床症状就会爆发出来。这就是为什么你买猫的时候，他们活泼好动，而当你把他们带回家后，就可能发现猫咪出现眼分泌物异常、呕吐、拉稀等临床症状。现在很多卖家都会提供至少两针的疫苗证明和一些传染病的阴性证明，作为消费者，购买时除了查看销售者提供的相关证明外，还可以根据当下猫咪的精神情况、活力程度、被毛是否整洁和眼耳鼻部是否有分泌物来初步判断动物的健康情况。但有些疾病的临床症状并不明显，所以我强烈建议购买猫咪后，尽快带去宠物医院，让专业的宠物医生给猫咪做个全面的身体检查。“铲屎官”们应对6~16周龄的小猫咪安排初次体检。

（二）领养

除非你有非纯种猫不可或者只想养小奶猫等特殊要求，否则，作为宠物医生，我非常推崇“领养代替购买”的行为。

首先，你帮助减少了流浪猫的数量。前文已经提过，虽然我们没有准确的数字，但是流浪猫的数目确实是非常惊人的，一对未

绝育的猫咪可以随意繁殖，他们能在十年内繁殖出八万只后代！

其次，供领养的猫咪相对健康。参考欧美发达国家，动物收容所有驻场宠物医生为新入住的动物进行基本的体检，对符合条件的动物进行绝育手术，并定期为动物做检查，以确保动物的身体健康。我国的动物收容所运营条件虽然没有欧美系统那么完善，但是据我了解，很多爱护动物组织和领养机构都与动物医院有良好的合作关系，因此从这些领养机构获得的猫咪，他们的健康是相对有保障的。

最后，猫咪的性格比较友好。有的猫咪天生就适合“被撸”。但也有一些流浪猫，因为野外求生的需要，他们不得不时刻提高警惕，对人有所防范。为了提高领养率和减低退换率，领养机构会对这些动物进行一定的行为训练，让他们更容易接受人类，与人类共同生活。从领养机构获得猫咪的另一个好处是：获得成年猫！对于初次养猫的“铲屎官”来说，养成年猫更容易上手哦。

根据领养机构的规章制度，领养手续略有不同，但主要都有以下几点：

❶ 亲临现场，最好带上家人一起与猫互动。

❷ 选定猫咪后，提出领养申请。

❸ 提交个人材料，待领养机构审核是否具备领养资格。

❹ 签订领养协议，完成相关手续（有的是无偿领养，有的是有偿领养）。

❺ 接受领养机构回访。

（三）直接收留流浪猫和自来猫

无论是自来猫也好，还是直接收留流浪猫也好，作为一名宠物医生，我的职业病不得不让我再一次呼吁：请带猫咪去医疗机构让宠物医生做全面检查！由于无法得知猫咪的历史、判断猫咪的具体年龄，因此，进行一次全面的检查能排查猫咪的一些传染病和人畜共患病*，这是对家庭成员（人和猫）的负责；另外你也可以对猫咪的总体健康情况和寿命有个心理预期。

好险！

宠物保险——给猫咪一份保障，也给自己一份保障。我们生活中有各种各样的保险，例如，车险、人寿险、社会医疗保险、房屋险等。只要你能想到的、想要的都可以保。而宠物医疗险是近几年才在我国流行起来的。

在宠物医疗行业中，政府补贴缺乏、医疗设备高昂、诊疗机构租金贵、用药成本高等一系列因素，导致宠物诊疗费比人的诊疗费还高。我在美国芝加哥工作的宠物诊所，光是急诊挂号费就高达139美元。以广州为例，一台正规的膀胱切开术移除结石，医疗费用就在3000~5000元（含术前诊断检查和术后用药护理等）。因此，为了避免突发性大额支出，购买宠物医疗保险应该提上日程。

市面上的宠物保险产品琳琅满目，但归结下来一般分为以下几类：一是医疗保险，二是第三方责任险，三是宠物被盗险，四是其他。

宠物医疗保险的选购原则有哪些呢？

❶ 选择实力雄厚的公司

某某小公司一夜消失、客户预缴款打水漂之类的新闻屡见不鲜。保险公司的盈利模式主要分为承保业务收益和保险资金的运用。一般每月一百多元的保费是远远不足以支付一次重大疾病的花销的。那么，理赔的钱是从哪里来的呢？这些钱一般是投保公司利用保金进行投资所获得的利润，这也是风险所在。因此，了解清楚投保公司的资质非常重要。

❷ 看清楚理赔范围和理赔金额

多数保险产品是不包括预防医学类*的，有的保险产品不报销已确诊的相关疾病。例如，10岁的猫咪在6月份确诊为慢性肾衰，你在当年的7月份购买了宠物保险，那么慢性肾衰相关的复诊、用药、住院等费用可能不被理赔；如果你在当年的5月份购买了宠物保险，猫咪在6月份确诊为慢性肾衰，那么相关的费用就会被纳入理赔范围。而且越健康的动物，保费一般越低，因此保险越早买越划算。正所谓天有不测之风云，人有旦夕之祸福，不知道什么时候，你的猫咪就会来一出“医院历险记”。

❸ 定点医院

猫咪就医的原因一般分为常规体检、普通小病以及急诊、重大疾病和危重病。常规体检具有周期性和长期性，因此选择固定的医院比较好，因为这些医院对猫咪的病史比较了解；对于普通小病来说，选择有常规设备的诊所即可，如血常规检测、血液生化仪、X光机、显微镜、手术室等；对于急诊、重大疾病和危重病来说，我建议选择诊断设备更齐全、有成熟医疗团队的诊疗机构。在满足上述条件后，医院与家的距离越近越好。对于急诊和危重病来说，争分夺秒是关键！因此，购买保险产品时要看清楚，合适的医院是否在理赔计划内哦。

❹ 理赔手续

理赔手续和理赔产品一样，五花八门。我建议要关注理赔的

时间范围、就诊时是否需要当天报备投保公司和理赔需要提交的证明材料等条件。

最后，请根据自己的经济能力、就医的方便性、理赔手续的简易性等因素综合考虑，选择最适合猫咪的保险计划。

一般社区医院和转诊中心的设备对比

场所\设备	血常规	血液生化仪	血气仪	X光机	B超	CT	MRI	麻醉机、监护仪	住院部
社区医院	√	√	+/-	√	+/-	+/-	+/-	+/-	+/-
转诊中心	√	√	√	√	√	√	√	√	√

注：+/-表示可能有，可能没有。

人畜共患病是指人类与人类饲养的畜禽之间自然感染与传播的疾病。人畜共患病的病原体可能是细菌、病毒或寄生虫，也可能涉及非常规病媒，可通过直接接触或通过食物、水及环境传播给人类。常见的与猫有关的人畜共患病包括：狂犬病、弓形虫病、猫抓热（巴尔通体）和猫癣等。

预防医学一般是指提前采取相关治疗手段或用药来预防疾病的发生。例如，定期给予驱虫药（体内和体外）预防因寄生虫导致的疾病（如拉稀、呕吐等）；绝育（子宫卵巢摘除或睾丸摘除）避免生殖系统疾病（如子宫蓄脓、睾丸癌变等）。

第2章

猫咪的梦幻小屋

郑艺蕾

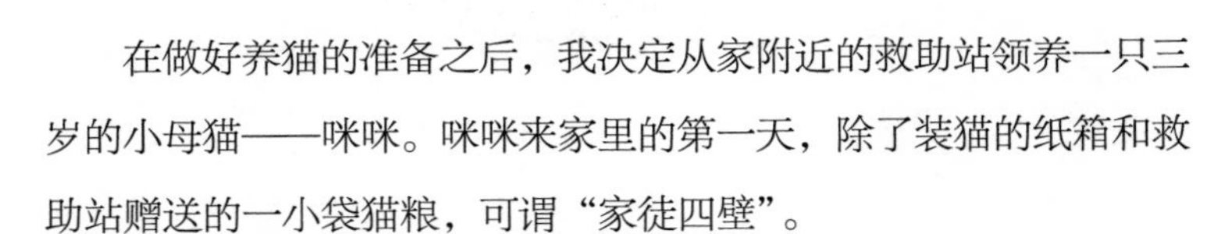

在做好养猫的准备之后，我决定从家附近的救助站领养一只三岁的小母猫——咪咪。咪咪来家里的第一天，除了装猫的纸箱和救助站赠送的一小袋猫粮，可谓“家徒四壁”。

让我们以咪咪的视角来看看她来家里的第一天吧。

我是咪咪，我被上个主人放到了救助站，原因是主人刚出生的小孩对我过敏，说实话我不是很喜欢救助站这个地方，这里有很多陌生的同类，有的看起来非常老成，有的看起来很凶恶，有的就是个“小屁孩”。我刚刚做了一个绝育手术，哎，肚子伤口还有点疼，让我在角落里淡淡的忧伤一会儿吧。

等等，这个女生为什么离我这么近？莫不是被我美丽的外表吸引了？看在她和我一样都是“大脸生物”的份上，我勉强和她互动一下吧。等等，我的伤口还很疼，怎么就被塞进了一个纸箱子里？咦？这里是哪里？看起来好像是一个新家。唉，这里的生活质量跟救助站相比，简直就是直线下滑！饭在哪里？猫砂盆呢？也没有猫爬架？这个大脸女生看起来不像坏人。算了，谨慎如我还是去床底下躲一躲吧。

抓挠柱

猫咪抓挠的习性让主人很困扰，但实际上抓挠对猫是有益的。他们通过抓挠保持自己爪子的健康，舒展身体并丰富日常生活。爪子上的气味腺还能帮助猫咪标记领土！这些气味告诉其他经过的猫咪：这个地盘是我的！

猫咪喜欢用两只后腿支撑自己的身体，朝上抓挠。因此，我们要选择高而结实、不轻易晃动的猫抓柱或者立式猫抓板，可以让猫咪在站立抓挠时，充分伸展身体。我们可以选择不同种类的材料（如纸板、剑麻、织物等）制成的猫抓板。

我建议在猫咪喜欢抓挠的地方（睡觉地方的附近和房间入口处等）放置不同的抓挠板子，并分别以水平、垂直和45°角三种角度放置，以充分满足猫咪的抓挠需求。有多只猫咪的家庭更需要在房屋中放置多个垂直和水平的抓挠柱和抓挠板。

猫运输箱

选择有至少两个开口、易清洁、比猫身形大1.5倍的运输箱。运输箱里要有足够的空间放置食物、水碗和毛巾。如果能让猫咪感觉自己的后背靠着箱子，会使他们更有安全感。选择两个以上开口的原因是：大部分猫去到陌生的地方会感到紧张，如果是生硬地把猫咪从箱子里拖拽出来，会大大增加猫咪的应激反应，所以建议选择有多个开口的运输箱，方便把猫咪拿出来。宠物医生最爱的是可以取下顶盖的运输箱，如果猫咪不愿意出来，医生则可以将箱子顶盖取下，在运输箱内给猫咪做身体检查，以避免猫咪的应激反应。

最好能在运输箱底部放入一条有猫咪自己味道的柔软毛巾，因为猫咪可能因晕车或紧张而呕吐和排尿。此时，毛巾比起箱子更容易清洗。

为了方便将猫咪装进运输箱里，建议将运输箱放到食物旁边，让猫咪觉得运输箱是与快乐体验相关的。也可以将运输箱放在长凳或柜子上方，因为猫咪更喜欢在高处暗中观察。理想的情况是，猫咪能习惯在运输箱内打盹，这样有利于日后将猫咪装在箱子中带出门而不是让猫咪对运输箱感到害怕。

猫砂盆

第一次养猫的“铲屎官”一定都会在猫咪拉屁屁的时候惊叹：“原来这么可爱的猫也能拉出这么臭的屁屁！”应该如何摆放猫砂盆让猫咪愉快如厕呢？我们总结了五个关于猫砂盆的原则。

原则1：数量=N+1（N是猫咪个数）。假如你有1只猫，那么就要准备2个猫砂盆；有2只猫的铲屎官要准备3个猫砂盆。对于只有1只猫咪的主人而言，多准备一个猫砂盆是为了以备不时之需；对于有2只猫的“铲屎官”而言，猫咪的脾气难以捉摸，很可能他是一只“傲娇”的猫咪，需要自己专属的猫砂盆。试想，如果猫砂盆旁突然有令猫咪紧张的事情发生，他总能找到另一个可以替换的猫砂盆。

原则2：猫砂盆应放置在安静的环境，并且猫砂盆之间保持一段距离，否则并排放置的两个猫砂盆对于猫来说就是一个合并了的加长版猫砂盆而已。另外，应避免猫砂盆靠近水和食物。如果猫咪住在几层楼的大房子里，可以在不同楼层摆放不同的猫砂盆。

原则3：争取每天铲一次屎，每周清洗一次猫砂盆。清洗猫砂盆时，避免使用含氨和有强化学刺激的洗涤剂。可以用香皂或肥皂清洗。

原则4：猫砂盆整体大小要方便猫咪在其中转身。可以量一量猫咪的长度：从鼻子到尾巴的根部。建议猫砂盆的长度为1.5倍猫咪的长度。关于猫砂盆的深度，并不是越深越好。比如一些长毛猫就非常喜欢铺有一层薄薄猫砂的盆子。

原则5：有盖儿还是无盖儿？猫砂盆有无盖子没有太大影响，猫咪喜欢用什么就让他用什么。一般无盖儿的猫砂盆可以更好地看到猫咪的“杰作”，敦促“铲屎官”尽职尽责地铲屎。无盖儿的猫砂盆还能很好地扩散气味，避免猫咪进入猫砂盆的时候被自己的屁屁“臭晕”。

如何自制猫砂盆？

把一个存储箱的长边剪开，方便猫咪进入，剪开后记得要把粗糙的切口打磨光滑。将盖子放到墙的一侧以保护墙壁。可以在猫砂盆下放毛巾或者防滑垫，以便清理盆外的猫砂。

两边比较高的猫砂盆，可以避免猫咪在刨砂时弄得满地狼藉。

老年猫建议用边缘较低的猫砂盆。较低的入口可以方便行动迟缓的老年猫咪，也很适合有关节病的猫咪。

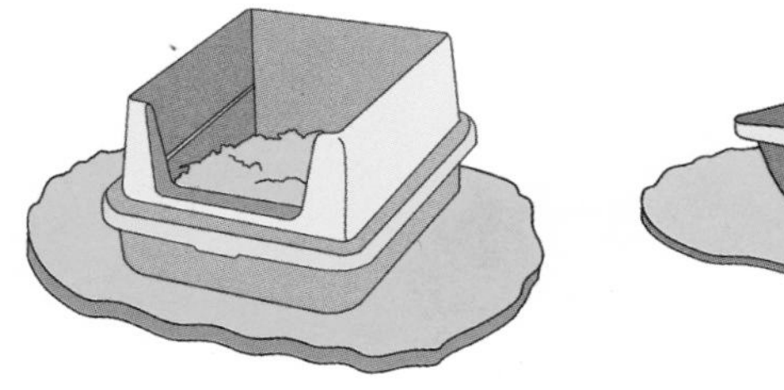

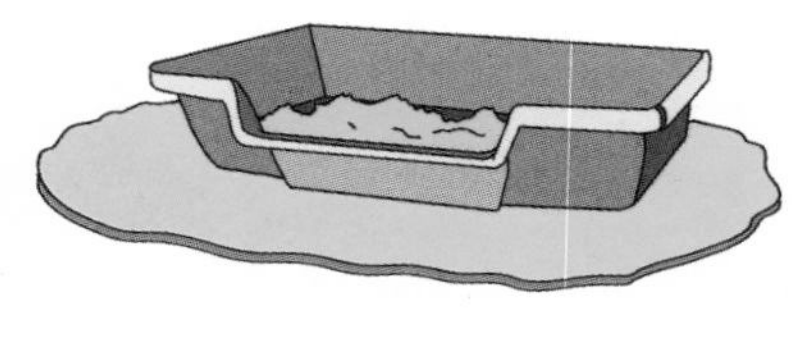

如何看出猫咪是否喜欢他的猫砂盆？

当你的猫咪不埋他的屁屁时，或者在猫砂盆外上厕所的时候，猫咪可能是在给你这个信号：我不喜欢我的猫砂盆！当出现这种情况时，请回顾上文关于猫砂盆的“五大原则”，是数量不够？环境太嘈杂？盆子太小了？还是屉屉没有及时铲太臭了？打个比方，如果是因为放置的环境太嘈杂，放在了大家都要进进出出的路口，那就把猫砂盆换到一个安静的角落。如果观察到猫咪重新开始使用猫砂盆，那就把猫砂盆放在新地方至少两周，让猫咪适应新的如厕环境。如果都予以纠正后，猫咪还是乱尿，请考虑去宠物医院就诊，可能是因为猫咪患有下泌尿道疾病或其他疾病。

猫喜欢质地细腻且无味的猫砂。如果没有猫砂，紧急情况下可用沙子、盆栽土壤或其他柔软材料代替。如果还不是很确定猫咪的脾气的话，可以从最常见的猫砂盆入手或者充分利用自己家里的存储箱，里面放上不同的猫砂，让猫咪告诉你他最爱哪个盆子和哪种猫砂吧！

食物和水

你知道猫咪的一天都在干什么吗？

猫咪的活动	时间（小时）
睡觉	16~18
狩猎	2~4
吃下猎物	0.5
理毛	3.5

如果只是将食物放在猫碗里，而忽略了猫咪每天2~4小时的狩猎时间，那猫咪可能会将多余的精力发泄在抓挠或睡觉上。抓挠会破坏家具，睡得太多猫咪又容易出现肥胖问题。

那么如何在室内让猫咪保持狩猎行为呢？除了使用正常喂食的猫碗外，还有很多方式可以给猫咪的进食增加趣味。例如，把漏食器放在家里不同的位置，让猫咪在玩耍的时候吃食。也可以就地取材，自制食器，让吃饭变得有趣。

有人比较了传统水盆和循环饮水器后发现，猫咪的饮水量、尿液量和尿比重（反映肾脏浓缩尿液的功能）没有明显的区别。所以饮水的容器不重要，重要的是水要经常更换，避免细菌繁殖。

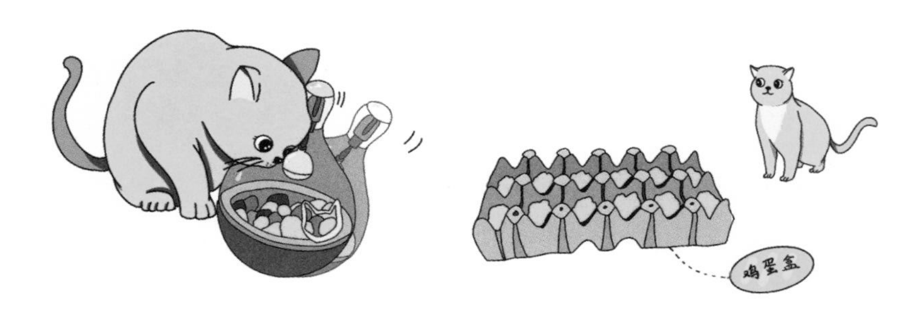

猫玩具

含有猫薄荷的玩具

需要注意，25%~50%的猫对于猫薄荷没有反应。猫薄荷的气味会随着时间消散，所以需要经常更换玩具内的猫薄荷芯。甚至可以将干净的旧棉袜塞满猫薄荷，打结后给猫咪们玩。

猫草

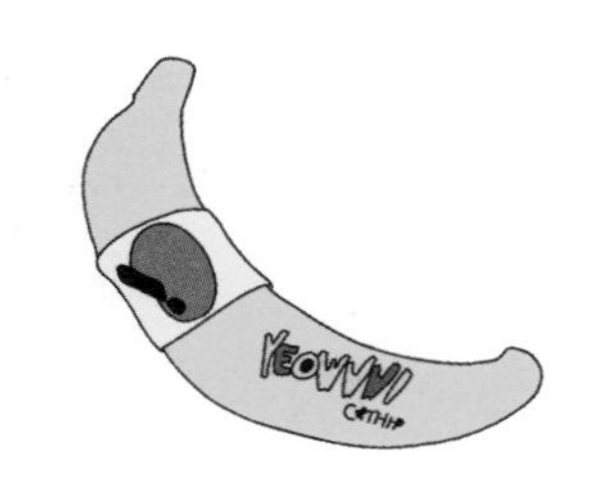

猫草由大麦、燕麦、小麦、黑麦的种子生长而成。猫草中含有叶酸，一种有助于血液循环的维生素，可以帮助排出被猫咪吃到胃里的毛团。有很多商业化的猫草产品可供选择，比如含有猫草的香蕉玩具。

猫舞者

可以将猫舞者粘贴在家里的任何地方，让猫咪去细细研究，也可以手持猫舞者与猫咪一起玩耍。

逗猫棒

逗猫棒的设计一般是模仿猫的猎物。你可以快速移动逗猫棒，模仿空中或地面上的猎物。有些猫喜欢追逐老鼠，而另一些猫则喜欢捉鸟或虫子。确定猫自家猫咪的“猎物偏好”后，你便可以购买或制作猫咪喜欢的玩具了。

其他简单的小玩意

例如，褶皱的纸球、牛奶罐上的塑料环、卫生纸的卷轴、棉签、纸巾等。绳的一端系在门把手上，另一端连着玩具，猫咪们也喜欢这样的小玩意哦。还可以将玩具系在鞋带上并放到猫喜欢爬的较高位置，就算是只打了一个结的鞋带也可以，特别是对于那些喜欢狩猎虫子的猫咪，鞋带结在他们看来可能就是一条虫子！但是要特别注意，不要用很细的绳子，贪食的猫咪可能会将绳子吞入造成胃肠异物，应当予以避免。在选择玩具时也尽量选择大小不易被吞食的玩具。如果你的猫咪什么都爱吃，请在和猫玩耍时留心观察，在玩耍后将这些物品收在猫咪不易打开的储藏柜中。

如何愉快地与猫咪玩耍

与猫咪玩耍的最佳时间是当他看起来很有兴趣的时候。可以早晨或傍晚和他们玩耍，因为猫祖先的捕食常发生在黎明和黄昏时分。短时、密集的玩耍（如10~15分钟）比长时间、连续地玩耍效果更好。

不要只是将玩具放在环境中，这样猫咪会渐渐感到无趣。我们应该将玩具收好，在特定时间给出某些玩具。例如，如果我们要去工作，在早上给A组玩具，到家时将玩具收好，然后再给B组玩具。或将玩具组合拼接起来，放在不同的房间或每周轮换一次，以保持猫咪对玩具的兴趣。

在玩逗猫棒或者激光笔游戏要结束时，给猫咪们最喜欢的零食，或者将激光笔指向提前放在地面上的零食，这样他们就有一种成功捕获猎物的成就感！

在多猫家庭中，铲屎官最好能在不同的时间和地点与每只猫单独玩耍，并确保在不同的位置摆放玩具，以防止竞争。

一些自制的小玩具

1 将卫生纸卷轴两端封上，在中间挖一个小孔并放入零食。

2 将卫生纸卷轴放入一个浅浅的纸盒子中，并在卷轴中放入零食。

3 将零食放入给猫咪梳毛的橡胶梳子中，让猫咪从梳子中取出零食。

4 将猫咪的食物放进纸袋子，让猫咪享受将纸袋子撕碎吃食的过程，模拟猫咪在野外狩猎的情景。

拿走那些“有毒”的植物！

准备好家中“七大件”后，让我们拿走那些美丽但是对猫咪有毒的植物吧。对于养猫的主人来说，食用任何植物都可能导致猫咪呕吐和肠胃不适。对猫咪有毒的植物种类非常多，下面几种很常见的但对猫咪有毒的植物，千万要注意！

康乃馨、菊花、雏菊、翠雀、剑兰、绣球花、飞燕草、百合、郁金香、芦荟。

特别值得一提的是，百合的每一个部位都对猫咪有剧毒，仅仅是1~2片落叶或者喝了百合花花瓶里的水，都会造成猫咪严重的肾衰竭，一定要注意！

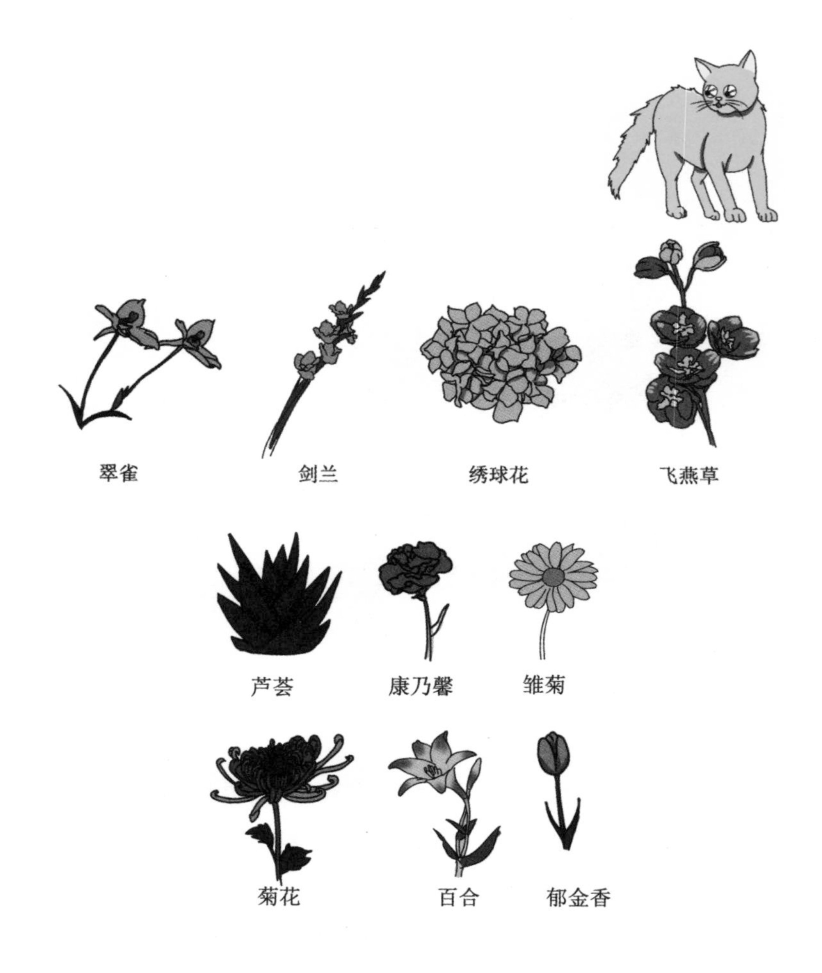

可以为猫咪准备的其他物品

除了必需的家具以外，还可以准备以下物品。以下物品为非必需品，有些是为了满足不同年龄猫咪的需求，有些是为了让家里更丰富，让猫咪不感到无聊。视主人和猫咪的需求而定哦。

猫沙发

在猫咪喜欢跳高的地方放一个缓冲的垫子作为猫沙发，对于患有关节炎的猫或者老年猫非常重要。

猫吊床

一般猫咪会对窗外的飞鸟、落叶、地上的虫子产生极大的兴趣。我们可以提供一个能让猫咪爬上窗户并向外看的地方，例如，悬挂在窗边的猫吊床。

猫柜子

有多只猫的家庭可选择类似下图的柜子，给猫咪们留一些高低错落的私人空间。猫咪之间也是有安全距离的（1~1.5米），并不是每只猫咪都能相亲相爱，适当在房间内放置纵向分隔的家具，可以避免猫咪之间打架哦。

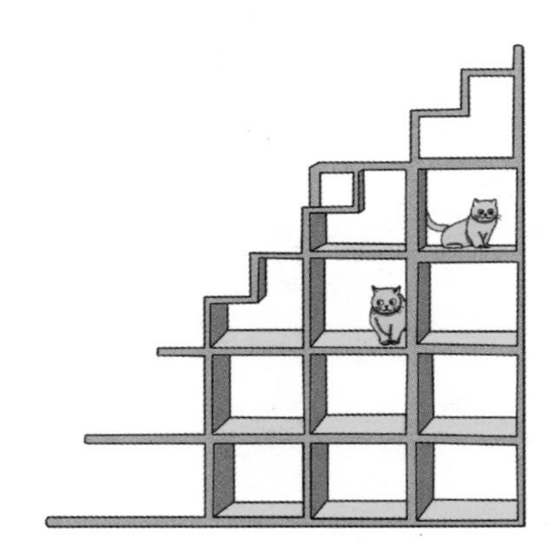

猫防坠安全网

如果您住在高层，请务必小心，不要让猫咪从窗户跑出来或者从高楼跳下来。从高处摔落的猫咪很可能骨折。所以防护措施还是要做的，比如安装封窗作为猫咪防坠落安全网。

猫的景观

猫咪很容易被快速游动、飞过、跑过的小动物吸引，如外面的飞鸟、窗外的狗狗或者家里的蚂蚁。在家里养鱼是非常好的让猫咪精神得到满足的方式。但一定记住，鱼缸顶盖一定要坚固不易打开，否则可怜的鱼儿将成为猫咪的美食哦。

如果你家中没有室内或室外的天然景观，而且你也无法和猫咪一起玩耍，你可以给猫咪播放带有鸟、鱼、啮齿动物和昆虫等快速移动的“猎物”的视频哦。

费洛蒙

费洛蒙是猫面部信息素的类似物。它是模仿猫咪在腿上或家具上摩擦脸颊时所留下的物质的人造物，是猫咪用来标记“领土”的一种信号。费洛蒙可以让猫对新的场所更加熟悉，提示猫咪他现在所在的地方是安全的。可以把该产品插在屋内散发味道，对于缓解猫咪的焦虑是一个不错的选择哦。

与猫相关的手机软件

猫咪很喜欢游动的鱼儿或者飞翔的鸟儿，目前多款针对猫咪研发的软件已经上线啦，有些软件中会带有不同猫咪的叫声，当猫咪无聊时也可以以此和猫咪互动。

丰富猫咪嗅觉的物品

在室外捡一些猫咪可能感兴趣的物品带回家，室外的物品有丰富的气味可供猫咪嗅闻（如一块石头或者一些落叶），但是请确保带回家的物品是安全的哦。另外，厨房中的香料，如罗勒、肉桂、香草或者我们正在吃的大多数的东西，都可以丰富猫咪的嗅觉。

提前考虑和准备以上物品，才能给猫咪提供一个良好的居住环境。如果一开始没有准备齐全，也不用太担心，因为当你养猫一段时间后，会突然发觉自己的房间里不知不觉就充满了猫咪的玩具和用品。猫咪似乎更喜欢可控的生活环境，并喜欢主人提供的多种选择。让我们准备好猫咪的梦幻小屋，在他们到来时即能感受到我们的真诚和爱意吧！

第3章

成为“喵”大厨——如何科学喂养？

陈昇蕾

“你吃咗饭未啊?”这句经典的粤语问候语就等同北京话的“吃了吗您呐?”又或是美国的“How are you?”。正所谓民以食为天，我们人类能通过吃不同的蔬果、肉类获取生存的必要营养，但是可供猫咪选择的食物并没有太多，只有形状不同，但长相又相似的“小饼干”——猫粮。在过去，我的妈妈都是把剩饭剩菜拌着给猫吃，但是几乎所有的科普文章都说不要让猫咪吃人吃的食物！那么猫咪究竟可以吃些什么呢?

只吃猫粮营养够吗?

首先，我们要介绍一个名词：全价粮*，可以理解为全面且均衡的粮食。全价粮能作为单一主食长期投喂。所有的食物经过消化后，最终都归为七大类营养物质：蛋白质、脂质、碳水化合物、矿物质、维生素、纤维素和水。“全面”是指摄取的食物中包含以上七大类营养素，“均衡”是指七大类营养素的比例合理。猫零食的包装上不会出现有“全价粮”的字样。如果猫咪嘴馋，只以零食作为主粮的话，长此以往有可能会造成营养不良。

如何挑选猫粮？

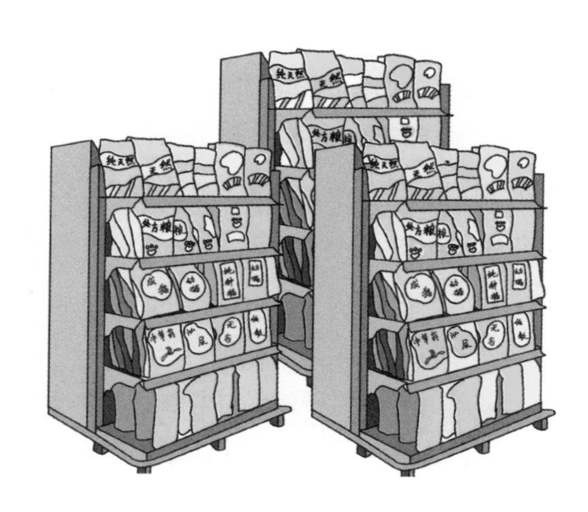

选择猫粮是一门复杂的学问。我们也要避免掉进商家的营销圈套中，特别要警惕带有噱头的宣传语。这里我给大家简单介绍一些基础的挑选原则。

确定猫咪的生命阶段

猫的生命阶段分为幼年期（0~6月龄）、年幼期（7月龄~2岁龄）、成熟期（3~6岁）、青壮年期（7~10岁）、老年期（11岁以上）以及妊娠期、哺乳期等。

幼年期：快速生长期，需要较多的蛋白质来满足生长发育的需求，可选择幼猫全价粮。

年幼期：在此阶段，可从幼猫全价粮往成猫全价粮转换。

成熟期：除非猫咪有特殊的营养或者健康问题，否则应继续食用成猫全价粮。

青壮年期：可适当增加维生素C和维生素E，以加强猫咪的免疫力。如猫咪活动量减少，应适当地减少食物投喂量，避免猫咪过胖。

老年期：除非猫咪患有特殊疾病需要处方粮，否则应为该阶段的猫咪选择老年猫全价粮。

干粮VS湿粮

❶ 从便利性的角度考虑，干粮绝对取胜。对于繁忙的铲屎官来说，一次可放一大碗猫粮，让猫咪自由采食。值得注意的是，猫咪喜欢吃新鲜的食物，所以哪怕是方便的干粮，也建议密封保存，以保持新鲜。对于湿粮来说，打开后不能长期放置在室温中，特别是在湿热的南方，湿粮容易变质哦。

❷ 从健康的角度考虑，湿粮有助于泌尿系统的健康。由于多数的猫咪不太喜欢喝水，导致水的摄入量少。为保持身体的水平衡，必然要减少水分的流失，因此猫的尿液是高度浓缩的，这也是他们的尿味特别重的原因。

我们在中学物理课上做过这样的实验：在饱和的溶液中继续加入食盐，食盐不能溶解且会析出结晶。同理，在高度浓缩的尿液中，过量无机盐容易沉淀累积，最终成为结石。干粮的含水量一般不高于12%，而湿粮的含水量一般在78%左右。因此，湿粮在一定程度上加大了猫咪的摄水量，对维持泌尿系统健康有一定的帮助。但是泌尿系统的健康还涉及食粮的钙磷比例、病原体、先天性疾病等其他因素，因此，也不能简单地说食用湿粮能避免结石的产生。

③ 从铲屎官的钱包考虑，湿粮价钱普遍是干粮价钱的5~8倍（按猫咪一顿的正常食量来计算）。

④ 有人认为吃干粮容易让猫长胖。当然不能排除猫咪长胖有这样的因素，但也不能把长胖全部归因于食用干粮。关于这一点，下文会做详细解释。

生骨肉

猫科动物是天生的肉食动物，肉类中含有猫咪必需的重要营养物质，如牛磺酸、脂肪酸、维生素和微量元素。由于猫的祖先在野外都是以吃生肉、生骨为生，因此，有的铲屎官认为喂食生骨肉更符合猫咪的天性，同时也认为煮过的肉类会丢失一些重要的营养成分。但在我看来，家猫之所以为家猫是因为他们已经经过千年的驯化，不同于野猫、豹子、老虎等未经驯化的猫科动物。另外，细心的铲屎官可能会留意到，在很多质量有保障的猫粮中，成分表里会单独列出赖氨酸、牛磺酸以及一些脂肪酸的添加以满足猫咪的营养需求。

生骨肉的缺点之一是没有办法做到无菌。聪明又馋食的人类早就在远古时代就开始钻研食品安全：如何能在保障个体健康的原则上尽量保持食物的营养价值和原汁原味。因此我们人类发明了巴氏消毒法（其原理是利用细菌不耐热的特点），我们比较熟悉的有巴氏消毒奶。有调查发现，在内蒙古牧民的肺结核病人中，有10.6%的患者有喝生牛奶的习惯。可见消毒对于食品安全的重要性。

我们再来看一看生骨肉是如何制作的。市面上的生骨肉一般是通过冻干技术制作的，另外还有一些是通过风干技术制作的。我在这里简单聊一下通过冻干技术制成的生骨肉。冻干的全称是冷冻干燥，主要的原理是在低温下把水分冻结成冰，然后在真空条件下使冰升华，最后剩下干物质。我认为这一技术仅是“抽干”水分，让潜在的病原体暂时进入休眠状态，并未杀死病原体。

“熟食”的饮食习惯能使我们免于大多数的疾病，如细菌性、寄生虫性疾病。同理，给猫咪进食熟食也能有效降低他们患病的概率，甚至能阻断一些人畜共患病的传播。

无谷粮vs有谷粮

猫咪也可以吸收碳水化合物。大多数选择无谷食粮的“铲屎官”认为，猫咪是肉食动物，而谷类食物里的碳水化合物含量高，不适合猫咪食用。他们担心猫咪的消化系统不能分解碳水化合物（特别是淀粉），从而产生一系列的消化道疾病。但实际研究表明，只要食物经过合适的处理和熟制，猫咪也能像其他动物一样消化和吸收碳水化合物。特别需要注意的是，近年来，宠物医生发现无谷

食粮与犬扩张型心肌病有一定的相关性。但相关研究尚在进行中，还没有最终的结论，目前未发现无谷粮与猫咪心脏病之间的相关性。

自制粮

有的铲屎官认为，自制的食粮更干净、更营养，自制粮童叟无欺，猫咪既能吃得开心，又能吃得放心。上文提到人类可选择的食物成千上万，我们能从中挑选自己喜欢吃的食物，甚至可以食用合成保健品，从而满足自身生长发育所需的营养素。如果你按照给人做饭的模式给猫咪做饭的话，我几乎可以预见，自制粮中会含过量的盐分，同时还会缺乏一些微量元素。长期食用这样的食物，可能会导致猫咪疾病的发生。我要强调一下，营养学是一门十分复杂的学问，一般情况下我都不建议让猫咪食用自制粮，但是一些特殊的情况下（如猫咪过敏等），如果铲屎官在市面上无法购买合适的全价粮，请咨询营养师制定科学的自制粮配方。

处方粮

人不可能一辈子健康，猫咪也有生病的时候。我小时候发烧，妈妈都会告诉我要吃清淡一点的食物。住院的病人也会有病号餐。猫咪也是，在特殊情况下（如肾病、糖尿病、泌尿道疾病等），需要喂食处方粮来改善身体情况。你的猫咪是否需要进食处方粮？请咨询你的宠物医生。

猫粮是不是越贵越好?

物美价廉一直是广大消费者的追求。我们要知道一个事实，食物标签的成分是按其含量比例来排序的。所有食物经消化后最终归为七大类营养物质：蛋白质、脂质、碳水化合物、矿物质、维生素、纤维素和水。蛋白质又分为植物性蛋白和动物性蛋白。为了控制成本，一些生产商会选用高比例的植物性蛋白再配合一定量的动物性蛋白来达到蛋白质含量的要求。“铲屎官”要根据产品的包装标签来判断动物性蛋白的含量。在美国，美国饲料监管协会（AFFCO）对标签的使用有严格要求。

牛肉（beef）说明牛肉重量必须大于食物脱水重量的70%（有点像真空包装的卤牛肉）。

牛肉餐（beef dinner）说明牛肉重量必须大于食物脱水重量的10%（有点像快餐品的牛肉料包）。

含牛肉（with beef）说明牛肉重量必须至少为食物脱水重量的3%（有点像泡面里面的两片脱水牛肉片）。

牛肉风味（beef flavor）无明确规定牛肉含量的最小值，可少于食物脱水重量的1%（有点像普通的牛肉味方便面）。

而根据我国的宠物饲料标签规定：

宠物饲料产品中某种饲料原料达到产品总重26%以上，可声称为“牛肉配方”“鸡肉大米配方”“牛肉鸡肉配方”等。

宠物饲料产品中某种饲料原料达到产品总重14%以上，可声称为“含牛肉配方”“含糙米配方”“含牛肉鸡肉配方”等。

宠物饲料产品中某种饲料原料达到产品总重4%以上，可声称为“含牛肉”“含糙米”“含牛肉鸡肉”等。

宠物饲料产品中使用的饲料原料、宠物饲料复合调味料或者口味增强剂能够赋予产品某种风味，可声称为“牛肉味”“鸡肉味”“烟熏味”等。

无论是植物性蛋白还是动物性蛋白，这些蛋白质分解后的最终成分都是氨基酸。因此我认为，“铲屎官”还是要根据上面说到的几大原则来挑选猫粮，满足条件后，再根据自己的消费水平来确定最合适的产品。

猫零食

都说女人有“两个胃”，一个是用来装正餐的，另一个是用来装甜品的。遗憾的是，猫咪没有“第二个胃”吃甜品。但是除了猫粮外，零食或许能为猫咪单调的饮食提供一丝快乐。“铲屎官”常用猫零食作为训练的奖励或是用来培养与猫咪的感情。市面上的猫零食产品也是琳琅满目。这里我就不多做讨论了，主要的原则还是要挑选值得信赖的厂家。特别要注意的是，如果你的猫咪有过敏史，请关注一下原料表的主要成分是否含猫咪的过敏原。一般皮肤过敏的猫咪，宠物医生都建议严格控制摄入食物的成分，会推荐低敏处方粮及低敏处方零食。

猫咪应该吃多少？

计算卡路里

计算卡路里是最精确的方法，一般都是由专业宠物医生和宠物营养师来计算。对于要减肥的人和正在健身的人来说，计算卡路里应该一点都不陌生。动物的基础能量需求量（RER）为动物体重（W，kg）的0.75次方乘以70，即$RER=70W^{0.75}$（kcal/d）。由于猫咪活泼好动，每天都有各种各样的活动，且每只猫都是特别的个体。因此，我们引入另一个概念叫每日能量需要（DER），也就是根据动物的体况，给RER乘上一个系数。最后根据猫粮包装上的卡路里含量来计算饲喂量。如果你平时有给猫零食的习惯，要记得把这部分的卡路里也算上哦！

猫咪体况的系数参考

体况	系数
过度肥胖	(0.8~1.0) × RER
绝育	1.2 × RER
未绝育	1.4 × RER
怀孕期	(2.0~3.0) × RER

续表

体况	系数
泌乳期	(2.0~6.0)×RER
生长期	(2.0~3.0)×RER

猫粮包装上的指导意见

这种方法比较适合新手。每袋猫粮包装袋的背后都有一栏“每日建议饲喂量”。以某品牌幼年期全价猫粮为例，产品包装上建议：6~2周龄的猫咪，每天应喂25~75克；12~26周龄的猫咪，每天应喂45~100克。

目测动物的体型

这是最粗糙也是最适合“懒人”的办法。如果想稍稍精确一点，可以通过追踪动物的体重调节饲喂量。例如，猫咪有大肚腩，那么我们可以在未来的几周内，逐渐减少每日的饲喂量，并追踪看看猫咪的体重是否下降。如果猫咪摸上去棱角分明，那么我们就要在未来的几周内适当增加猫咪的食物量或者含饲喂更高能量的同等量食物。

体况评分（body condition score，BCS）

这是一个用于快速判断猫咪的体况是否过瘦、过肥还是适中的评价方法。以5分制的体况评分标准来说，1分是营养不良，过瘦；2分是体重过轻；3分是最理想的体态；4分是肥胖超重；5分是过度肥胖。

1分	以短毛猫为例，肋骨、背脊骨和盆骨清晰可见。皮下基本没有脂肪，腹部紧贴背部。
2分	以短毛猫为例，肋骨、背脊骨和盆骨非常容易触摸到。有显著的腰线，腹部往背部收贴。
3分	以短毛猫为例，肋骨、背脊骨和盆骨容易触摸到，皮下有少量脂肪。腰线恰好，非常少腹部脂肪。
4分	以短毛猫为例，皮下有大量脂肪，需要指尖稍加用力才能摸到肋骨，背脊骨和盆骨较难触摸。腰线不明显，有中等量的腹部脂肪团。
5分	以短毛猫为例，皮下脂肪过厚，肋骨、背脊骨和盆骨难以触摸，无腰线，脂肪聚集在面部和尾根，伴有大量腹部脂肪团。

减肥——左三圈，右三圈，脖子扭扭，屁股扭扭

都说减肥是女人一辈子的“事业”。减过肥的人都知道，减肥这件事实在是太难了。和人一样，猫咪减肥的主要途径也是减少卡路里的摄入和增加运动量。“铲屎官”可以从减少给猫咪的零食开始，然后减少主粮的饲喂量。更多的时候，动物减肥失败是因为“铲屎官”不忍心看到猫咪一顿只吃几十颗“小饼干”。“铲屎官”可以选择卡路里含量较低的粮食，从而适当地给猫咪增加“小饼干”的数量，同时又不会超出卡路里摄入预算。主人也可以把计算好的“小饼干”扔在家里不同的角落，让猫咪多跑几步。这样既增加了猫咪的运动量，又可以促进与他们的感情。

说完了“吃”，我们还要简单地说一下“喝”。万物都离不开水，有水才有生命存在的可能。水对猫咪的泌尿系统尤为重要。但是很多猫咪都不爱喝水，就像很多小朋友都不喜欢吃蔬菜。那么作为“铲屎官”的我们就要变着花样吸引他们喝水。比较常用的是猫循环饮水器，流动的水及其声音能引起猫咪的好奇心；也可以在家里放置多个喝水碗；在食粮里添加水或者喂湿粮；还有一点很重要，要每天更换新鲜水。

营养学是一门专业的学科，我只是与大家分享了一些基本原则。如有疑问，最好还是咨询宠物医生和宠物营养专家，以获得更为专业的意见哦。

- 全价粮：根据美国食品及药物管理局（FDA）的说明，当全价粮作为唯一的食物时，其能满足动物均衡营养的需求。该标签意味：该宠物粮满足AAFCO设置的犬猫营养配比方案或已通过AAFCO规定的饲养实验。

第4章

猫咪的日常照顾

郑艺蕾

如果问猫咪教会了我什么？那我会毫不犹豫地回答：耐心！养猫并不总像萌宠视频里所展现的那么轻松，反而像养小孩一样，需要我们尽心尽力的照顾。对于爱猫人士来说，猫咪是我们最独特的家庭成员。我们要不断学习和尝试才能收获猫咪的肯定和爱意。那么，日常生活中我们如何照顾猫咪呢？

如何正确抱猫

抱起猫咪时，请用一只手卡在猫咪的腋窝处，另一只手放在猫咪后腿下面，轻轻托起。切勿捏住颈背部或直接提起猫咪的前腿。也可以尝试单手抱猫：用手托起猫咪的前胸，并将猫咪夹在腋下，牢固地靠在主人的前臂上。

不要抓脖子

在刚生下来几周时或者在交配、战斗中以及被捕食者袭击时，猫咪都会被抓住脖子。抓脖子会让猫咪感到恐惧，让猫咪无法后退并失去控制感，甚至可能会导致猫咪产生攻击行为。由于猫有领土直觉并普遍缺乏社会化意识，因此在大多数情况下，如果猫咪在陌生的环境中被人抓住脖子，他们会备感压力的。

帮助猫咪社会化

有些主人会抱怨小猫养大后怎么都不亲人，其实在猫咪幼年时帮助他们社会化非常有必要。在刚出生时，小猫主要通过嗅觉和触觉来体验世界，他们在2周内睁开眼睛，开始使用爪子与物体互动；到4周龄左右，他们开始社交活动；到7周龄，他们的游戏重心已从社交转移到物体。社交性在猫咪7周龄后会逐渐降低但不会停止。无法与人类友好共处是人们放弃养猫的主要原因之一，因此我们应尽可能让猫咪在2~7周龄接触到以下的事物或操作，以防止猫咪在日后的生活中遇到陌生的事物时，会感到害怕或者产生应激反应。

不同类型的人：不同的年龄和身高，穿着不同的衣服，佩戴帽子、眼镜与否。

地点：汽车，宠物医生，医院，电梯。

噪声：吸尘器和门铃。

动物：其他狗狗和猫咪。请注意应该让猫咪与健康的动物接触和玩耍（已驱虫，至少接种了疫苗超过10天、猫白血病和猫艾滋病检测阴性和没有临床症状的猫）。

其他：项圈，牵引绳，刷牙，修剪指甲和洗耳朵。

请逐渐而不是突然地给猫咪介绍新的人、事和物。有些猫咪可能会对有胡须的男性很警觉，那就请不要让这类人直接近距离与猫咪互动，而是应该让他们在原地站立，让猫咪主动选择是否要接近他们。同理，在向猫咪介绍狗狗或者婴儿的时候也要注意选择平静的狗狗和婴儿，当猫咪表现出耳朵向后、瞳孔放大、舔嘴唇、龇牙甚至抓挠等紧张行为时，我们要立刻停止社会化训练。

植入微芯片

如果想要在户外遛猫或让猫咪去户外玩耍，请尽量给猫咪植入微芯片。这种芯片会记录猫咪和主人的信息，且对猫咪身体无害。当有人捡到走失的猫咪时，宠物医生会通过一个读取器扫描到主人的联系方式，帮助归还。

勤剪指甲

美国防止虐待动物协会强烈反对为方便或防止对家具损害而给猫去爪。猫的爪子有许多功能，包括进攻、防御、标记自己的领土、锻炼用于狩猎的肌肉和减轻压力。去爪手术是在猫咪的每个前脚趾上切除最后一个指骨。如果手术程序正当，整个甲床也会被一并移走，从而避免猫爪子再生。去爪手术需要麻醉，并可能出现出血过多和术后感染的风险，伴有可能持续数天甚至更长时间的疼痛。

管理猫咪抓挠行为的替代措施

1. 定期修剪猫的指甲使指甲尖端变钝。
2. 提供刮擦垫、柱子和其他物体供猫抓挠。
3. 在家具上涂上双面胶带。

大多数猫的爪子颜色浅，因此很容易看到指甲底部的粉红色条纹状的血管和神经。剪指甲时如果切得太深，切到了粉色区域，会使猫咪流血并造成疼痛。剪指甲是将爪子修剪到距离粉色结构大约2毫米的位置，先修剪小块指甲，再慢慢逼近神经和血管。

给猫咪剪指甲时的抱法

将猫放在腿上，请用前臂搭在猫的脖子和后肢上，右手握住指甲剪。

如何让猫咪轻松接受剪指甲？

如果我们突然触碰猫咪的指甲并在他挣扎时强行剪指甲，那么下一次再给猫咪剪指甲时将更加困难，因为猫咪会觉得“剪指甲”=“痛苦和紧张”。为了让猫咪慢慢习惯剪指甲的过程，我们可以按以下步骤进行：

❶ 用手指触摸猫咪的指甲，并给一个零食，如果猫咪没有痛苦挣扎的表现，然后进行下一步。

❷ 让他们闻闻指甲钳，并给一个零食，如果猫咪没有痛苦挣扎的表现，然后进行下一步。

❸ 用指甲钳触摸猫咪的脚趾，并给一个零食，如果猫咪没有痛苦挣扎的表现，然后进行下一步。

❹ 用指甲钳发出剪指甲的声音，但没有实际剪指甲，并给一个零食，如果猫咪没有痛苦挣扎的表现，然后进行下一步。

❺ 按下猫咪的脚趾头，指甲会露出来，剪完一个指甲后立即将指甲剪放下，并给一个零食，如果猫咪没有痛苦挣扎的表现，然后进行下一步。

⑥ 重复步骤⑤，直到修剪完所有指甲。

剪指甲的小技巧

① 刚开始时，每天尝试修剪一个指甲。如果猫咪没有反抗，很适应这个过程，再尝试修剪全部指甲。

② 指甲应每两周检查并修剪一次。

③ 手边常备止血药粉用于止血。

④ 用猫咪最喜欢的零食分散他们的注意力。

⑤ 不要在猫咪睡觉时偷偷修剪指甲，因为这可能会吓到他们，使他们有你在场时害怕入睡。

⑥ 不要通过捏猫的脖子来控制猫咪。

⑦ 每当猫咪表现出任何攻击性行为（如嘶叫、咬人、舔嘴唇、喘气等）时，都应停止剪指甲。

耳朵清洁

健康的猫咪不需要洗耳朵，如猫咪有外耳疾病，请使用专业的猫咪耳朵清洁剂，待猫咪甩头后，用纸巾清除耳道中的污垢。

清洁猫咪耳朵的步骤

① 将洗耳液放在猫咪的视线中，并给一颗零食。

❷ 触摸耳朵，并奖励零食。大多数猫咪会允许我们触摸，除非有耳部疾病。

❸ 提起猫咪的耳朵，并给予零食。

❹ 用洗耳液或蘸湿的棉球清洁肉眼可见的外耳部分，并给予零食。在此阶段，不要急于洗干净整个耳朵。我们应使用棉球而不是棉签，因为棉球触感更加柔和，不易引起猫咪反感。

❺ 将药物滴入耳朵，同时给予零食分散猫咪的注意力，如果他们非常害怕，请勿揉搓耳朵，而是让他们摇头并且停止洗耳。如果他们已经将洗耳瓶与疼痛或者紧张建立了联系，请将小的洗耳瓶藏在手中，然后在他们看不见洗耳瓶的情况下，靠近猫咪的耳朵。

❻ 当猫咪不再对滴注药物敏感时，请尝试揉搓猫咪耳朵根部，并用纸巾清洁耳道污垢，然后给他们零食和鼓励！

以上步骤应耐心地逐步进行。

牙齿清洁

牙龈炎和牙周病是猫咪常见的口腔疾病，由细菌在牙齿上过度繁殖引起。通常，猫咪需要定期在宠物医院进行一次专业洗牙以去除牙垢。

建议主人每天为猫咪刷牙，以有效避免猫咪的口腔疾病。操作方法如下：

❶ 让猫咪习惯被抚摸嘴巴。每天花

一点时间轻轻揉搓他的脸，然后抬起嘴唇看看嘴里。

❷ 当猫咪习惯后，在手指上涂少量牙膏，然后让他舔掉。猫咪会比较喜欢鸡肉和海鲜等口味的猫牙膏。

❸ 尝试用手指轻轻摩擦猫咪的牙齿。一旦他习惯了这种感觉，请尝试使用猫用牙刷。

❹ 切忌用人类牙刷和人类牙膏，人类牙膏会刺激猫咪的胃，使他感觉很不舒服。

❺ 纱布或牙刷摩擦牙齿产生的摩擦力能清除牙齿上的碎屑，从而避免牙垢产生。记住在刷牙后要给予猫咪很多的赞美和零食。

定期梳毛

梳毛可以去除猫咪已经脱落的长长的毛发，从而避免他们吞食引起消化道疾病，同时也可以促进血液循环，梳毛时还可以检查猫咪有没有外寄生虫、过敏症状或者伤口。

注

猫咪喜欢的梳子各异，有的喜欢金属梳子，有的喜欢橡胶梳子，我们应该根据猫咪的喜好来选择。建议短毛猫一个星期梳毛一次，长毛猫每1~3天梳毛一次。

猫咪需要洗澡吗？

猫咪的祖先来自沙漠，所以他们并不习惯洗澡。猫咪会通过日常舔毛清理自己的毛发，这足以让他们保持清洁。除非猫咪在毛发上粘了特别脏的东西，否则他们一般不需要洗澡。但是无毛猫需要定期洗澡（一周一次），因为他们没有被毛，无法吸收皮肤油脂。

❶ 在开始洗澡之前，最好先确保猫咪的指甲已经剪过，不会过尖，避免抓伤操作者。

❷ 在水槽或浴缸中铺防滑垫，以使你的猫咪感到舒适，不会因为紧张而滑倒。

❸ 在将猫咪放入澡盆之前，可以在盆中放一些温水。

❹ 使用专门为猫咪配制的宠物洗发水。人类的洗发水会刺激猫咪的皮肤。

❺ 确保只在猫咪脖子以下部位打泡沫和清洗，小心地避开猫咪的脸和耳朵。

❻ 将清水倒在猫咪身上，以去除所有洗发水。

❼ 用蘸水的毛巾擦拭猫咪的脸部，然后擦干。

❽ 如果你的猫咪不介意声音，也可以使用低热模式的吹风机吹干他们的皮毛。一定要在洗澡后梳一下猫的皮毛，避免毛发纠缠。如果猫咪非常不喜欢吹风机，那可以用毛巾吸干猫咪身上的水，让猫咪自己舔干毛发，注意环境温度不要太低。

❾ 在成功洗澡后，给猫咪一些玩具或零食。

如何避免毛球问题?

猫每天用于舔毛的时间为3~4小时。当猫舔毛时，会吞下许多毛发。这是因为猫舌头上“倒刺”样的结构会将毛发拔下，并把毛发从喉咙推入胃中。尽管大部分的毛发最终都被排泄掉，但仍有一些会留在胃中，并逐渐积累成毛球。长毛发品种（如波斯猫和缅因猫）的风险要远高于短毛发品种。在猫脱毛的季节（春季），也会更频繁地出现由毛球引发的问题。

❶ 日常梳毛。去除尽可能松散的毛发，有助于减少毛发吞食。

❷ 毛发吞食严重的话应修剪毛发。

❸ 少食多餐。生理研究表明，少食多餐可以帮助胃排空，将有效减少毛球在胃中的积累。

❹ 使用化毛膏。化毛膏的原理是利用油类（如液体石蜡）的润滑作用，帮助毛发在胃肠内移动。液体石蜡无味，相对安全。

频繁吞食毛发会导致猫咪胃肠梗阻，为避免病情加重，可以将猫咪的毛发剪成“狮子”样。

如何介绍新伙伴?

陌生的环境会让新到来的猫咪感到害怕！单独的空间会让他感到舒适和放松，我们要给他足够的时间了解环境。如果不确定新猫咪的健康状况，先放在单独的房间里观察几天，也可以避免“原住民”患上传染性疾病。

准备好一套新伙伴专属的必需用品：水、猫砂盆、玩具，以及抓挠柱和猫爬架等可以躲藏的物品。将新猫咪直接带入他的专属房间，以使其与“原住民”分开，不要让他们互动或互相接触。可以用毛巾封锁门缝，防止猫咪们在门下看到彼此。

在介绍猫咪们互相认识时，要始终给猫咪爱吃的零食作为奖励，当所有的猫都不再焦虑时，就可以进入下一个阶段了。请记住，在最开始让两只猫接触时，主人需在身边陪着，以免他们打架。

进行气味介绍

猫咪在气味的引导下进行交流，因为气味比视觉更重要。猫不喜欢人造气味，请不要在猫身上喷香水！他们会根据气味逐渐适应

对方，可以从交换毯子、毛巾或玩具开始。为了保证他们的安全感，请确保不要将这些有陌生气味的物品放在猫咪感到的安全地方，如床或猫爬架。

当他们彼此对沾有对方气味的物品不再感到压力或紧张时，你可以在房屋设置公共区域，让他们在不同时间共享地盘。刚开始时，让每只猫分别进入同一个公共区域几分钟，然后再延长停留时间。

进行相貌介绍

让猫咪彼此见面，请使用玻璃门、纱门或只将门打开比猫咪身体小的缝，避免他们打架。每天两次，每次5~10分钟，直到他们高兴地接近纱门，而不是恐惧或想要越过门攻击对方。

同时喂养猫

把两个猫碗放在一个房间里相距足够远的地方，用零食分散他们对彼此的注意力。

让他们在同一个房间玩耍

漏食器可以帮助猫咪表现出社交和玩耍的行为，而又不会过多地互相关注对方。如果担心猫咪会突然打架，可以给每只猫带上牵引绳。在他们互相玩耍时，不要对牵引绳施加任何拉力，仅在两只猫打架时将其分开即可。

尝试无监督玩耍

每当猫咪们对彼此表现出友好的行为时（尾巴朝上，眼神柔软，互相触摸鼻子、摩擦头部或身体、舔毛，尝试玩耍而不是凝视、嘶吼对方），我们要给猫咪们很多的赞美和零食！

以上每个阶段都可能遇到挫折，请不要沮丧，因为猫咪们对彼此的态度是不断变化的。给你的猫咪一些时间，相信他们可以解决目前遇到的困难。请“铲屎官”们深吸一口气，回到上一步，从猫咪没有压力迹象的阶段重新开始吧。

如何鼓励猫咪交朋友？

❶ 永远不要让猫咪们通过打架分出高下，打架通常只会让猫咪们的关系变得更糟。我们可以用突然拍手的方式打断他们的打架。

❷ 给公猫做绝育。未绝育的公猫特别容易出现攻击行为。

❸ 分开猫咪们的生活区域。在房间的不同区域提供他们专属的碗、床、猫砂盆，可减少猫咪之间的竞争。

❹ 提供更多的猫爬架或者猫咪可以藏身的地方，使猫可以按自己的喜好在发生冲突时躲避到自己的空间里。

❺ 如果有猫咪发起进攻，请忽略他，让他独自在一个空间中冷静一下。如果你走近他，他可能会转而攻击你；通过抚摸等方式安慰狂躁的猫咪也可能会让猫咪认为你在奖励他的攻击行为。

❻ 当你看到猫咪们以友好的方式互动时，称赞或奖励你的猫

咪一个小零食。

⑦ 尝试喷洒信息素。你可以购买模仿猫自然气味的产品，用喷洒或者香薰的形式让空间中布满他们熟悉的气味，以减轻猫咪的紧张感。

养猫第一课

第5章

我的地盘听我的——猫咪的基本训练方法

郑艺蕾

“啊！猫咪又随地小便啦！”“啊！猫咪又咬坏我的笔帽了！”猫咪并不总是一只安静的“美少年”，即便是一只性情温和的大橘猫，他也有“横冲直撞，自我叛逆”的时候。在猫咪犯错误的时候，我们应当如何正确引导他们呢？

训练猫咪的基本方法

养猫的人总是感到头痛，为什么我已经吼了他，他还是要抓沙发、咬人、爬上橱柜，甚至把我的东西都推下桌子呢？到底要怎样才能让猫咪听话？

其实，狩猎、用爪子标记领土、往高处爬都是猫咪特有的习性，我们不可能将带有这些习性的猫纠正为心目中理想的“安静美少年”。相反，尝试理解他们的行为，并且知道如何应对才是主人们要思考的问题。

猫咪并不会认为你在惩罚他的行为，只会觉得你在惩罚猫咪本身。当你冲过去大喊“不要咬我的鞋”时，猫咪并不会知道是咬鞋的行为让你愤怒，他会认为咬鞋得到了主人的注意，所以他要么在想要引起你注意时咬鞋，要么是在你看不见时咬鞋。因此惩罚不能解决猫咪“咬鞋”的问题。所以，对猫咪施行言语甚至肢体的惩罚都是不可取的，严重的话，猫咪还会觉得当你叫他的名字时惩罚就会到来，你的存在就意味着惩罚，从而让猫咪对你的呼唤感到紧张，伤害了你和猫咪的关系。

如果你想要通过惩罚的方式让猫咪停止捣乱，但你却有好几次在猫调皮捣蛋后忘记惩罚他，那么猫的不良行为会间歇性地得到加强。换一种说法，有时惩罚+有时忘记惩罚=猫咪更加调皮捣蛋。

那怎样才能正确地和猫咪们沟通并让他们知道自己的行为是错误的呢？其实，让他们不要做糟心事的最基本方法就是考虑他们的需求，引导他们做正确的事情。可以参考以下几种做法：

零食奖励法

最常见的奖励是尽量发掘一款他最爱的零食并只在奖励时使用。不要在你觉得“啊！他真的好可爱”的时候给猫咪零食，而是在他做对了事情的时候给。比如在抓挠板旁准备一个小零食罐子或零食袋子，当他去抓挠沙发旁你为他精心准备的猫抓板或者抓挠柱时，立马给一个小零食并表扬他。在他去运输箱里睡觉的时候给几个零食，这样可以让猫咪将运输箱和美好体验相关联，有助于避免出行时猫咪对运输箱的抗拒，避免去医院前的应激。在猫咪乖乖去猫砂盆里上厕所时，也可以马上给零食。

最新研究发现，相比于零食，有些猫更喜欢与人的互动，所以当你的猫对于你给予的零食无动于衷时，也可以考虑用赞美、抚摸等友爱的互动来奖励猫咪哦。

分辨猫咪是更喜欢与你互动还是更喜欢零食，这里有一个小妙招：选择一些你认为猫咪喜欢的零食，将它们放在地面上，而你坐在零食附近，看看猫咪在哪里徘徊。猫更愿意花时间在自己喜欢的东西上。在不同的情况下重复实验以确定其偏好。如果你的猫偏爱你（花更多的时间在你身边转悠），那么你的存在本身就是猫咪接受训练的最大动力。

几秒法则

猫咪只能在他做了好事或者坏事后几秒钟内将你的反应与这件事相关联。如果在他抓挠了猫抓板1分钟后，你才姗姗来迟地给予奖励，这就没有了“零食奖励”的意义，只是让他变胖了一点而已。这种方法的潜在逻辑是：当作对事情得到表扬时，猫咪会重复这项动作直到成为一种下意识的反应。

转移注意力法

“养猫比较省心，你不用管他，他完全可以自理。”“狗那么听话，肯定好训练，猫嘛，感觉很难搞！”我们总会觉得猫咪相较于听话的狗狗更难训练，但这其实是错误的刻板印象。猫咪是可以训练成功的，只要你有耐心！

当你察觉猫咪鬼鬼祟祟靠近沙发，觉得他肯定是要做什么坏事之前，立马叫他的名字或者摇动手里的零食袋子，转移他的注意力并和他玩耍。请尽量在猫咪已经挠沙发前转移他的注意力，否则在他们已经开始抓挠沙发时给予零食，会让他们认为“挠沙发”会得到奖励。对于不是“吃货”的猫咪来说，摇动零食袋子可能没用，我们可以摇动手里的逗猫棒，转移他们的注意力。

响片训练法

只要猫咪对奖励（如零食）有兴趣，他就可以被训练。相比于“零食奖励法”奖励猫咪的正确行为，训练技艺法的效果更快，适用于想要立即看到成效的主人。最有效的训练是利用训练响片发出“咔哒”的声音，让猫咪知道他刚刚的行为是正确。响片训练对于猫咪来说是一个非常清晰的信号，并且会比你递给他零食更快。猫听到咔嗒声就知道马上将有奖励。请不要在猫咪做出让你不悦的动作时按响片，否则将鼓励猫咪的不良行为。建议将训练响片套在手上，方便随时按钮。对于容易受到惊吓的猫咪，建议选用音调柔和的产品哦。

一个简单的确认训练响片是否有用的技巧：按下响片并扔零食，如果他们走去吃零食，则说明这种训练方式可能更有效。请注意不要在猫咪看鸟、玩耍时打扰他们。

介绍几个比较容易的训练动作：

诱导坐下

想让猫咪坐下，可以将零食悬空在他的鼻子上方，然后将其稍微向猫咪的身后移动，以便当他用鼻子跟随零食时，身体朝后而坐下。如果你的小猫想要抓零食或无法坐下，耐心等待他坐下后再给他吃零食。当猫咪坐下时，便不能进行很多“破坏性活动”，例如抓沙发、挠你的腿。

贴鼻子

猫会以柔和的鼻子触碰作为问好行为。如果你想鼓励猫咪用这种行为吸引你注意力，而不是通过咬你的手或攀爬你的大腿来吸引你的注意力，你可以尝试按以下方式训练这一动作：

当猫以轻松友好的身体姿势（尾巴向上、耳朵笔直、步态放松、喵喵叫）接近你时，可以向他轻轻地伸出手，猫咪可能会嗅闻并触摸你的手。如果你伸出的手让他感到害怕，请尝试使用单根手指。按响你的训练响片，然后给他一个零食。如果猫咪再次做出这一动作，请你也要重复操作哦。但是，如果你预感到猫咪可能会变得过度兴奋而咬住你的手时，请往远处丢零食以避免被咬。慢慢地猫咪知道接近并触摸你的手时就可以得到零食，你可以在他触摸你的手之前的几秒钟说出“摸摸”一词，并继续重复训练。相信很快他就会将“摸摸”与贴鼻子联系起来了。

如果是特别好动的猫咪，你伸出手他就会冲过来啃咬，你也可以使用干净且可挤压的带有尖嘴的瓶子，里面装满稀的零食或者很香的罐头，让猫咪从喷嘴中吃食。这样可以免于被抓伤哦。

有的猫咪对食物并不会立马就狼吞虎咽，他喜欢对新食物研究一番才肯吞下。这时千万不要认为他对零食缺乏兴趣，或者认为零食训练无效。请给予耐心，让你的猫咪先探索一下零食吧。

如果你的猫咪不是“吃货”，可以尝试用玩具、梳毛、抚摸身体或两颊等他喜欢的方式奖励他。如果你的猫正在接受处方饮食，则必须使用该饮食或宠物医生批准的零食来训练他。你也可以尝试在饭前训练，这时的猫咪比较饥饿，会为了吃食甘心被训练哦。

如果你的猫不够专心，没有很想被训练，或者因为对你的指示不清楚而感到沮丧疲倦，那么就让训练时间短一点（哪怕只有1分钟），让猫咪在意犹未尽时结束比让他筋疲力尽时结束更有利于激励他期待下一次的训练。

补充法则

可以在以上主要训练措施的基础上，对猫咪的环境进行补充。例如，若沙发的高度大于抓挠柱的高度，而该高度更利于猫咪伸展自己的身体时，猫咪就可能会选择抓挠沙发。这时候就要选择一个高于沙发的抓挠柱。值得一提的是，猫咪喜欢在人平时呆的更多的地方留下自己的气味，所以可以将猫抓柱摆在沙发旁而不是无人造访的角落里，这样更有利于引导猫咪抓猫抓柱。当猫咪一直往厨房桌面上跳时，考虑一下他是不是需要一个更高的位置观察你做饭？或者他想跟你处于同一空间？这时，你可以在厨房的高处提供一个供猫咪休息的地方，在墙面上安装一个猫咪床，并在他去那里时给予零食奖励。或者你可以想想，是不是厨房有太多他感兴趣的瓶瓶罐罐？我的猫咪特别喜欢水杯，当我的桌面上放有水杯时，猫咪就会跳上来，所以我将桌子上的水杯慷慨赠送给了猫咪。当我把水杯放在地上后，猫咪终于不再往餐桌上跳了。如果猫咪在夜晚的时候非常吵闹，那就在晚上睡觉之前和他玩耍20分钟。如果猫咪在晚

上定点吵着要吃饭，那就用自动喂食器在饭点前20分钟投食。如果猫咪在凌晨3点用爪子踩你的脸，又或者你总是被猫咪屁股坐醒（我的真实体验），那就设置自动喂食器在2:40时自动投食，或者用喂食球来满足猫咪的吃食需求。

总之，我们要站在猫咪的立场上想，他为什么这么对我，他到底想要什么，从而为他们提供全方位的服务。

如何应对猫咪的坏习惯？

对于特定的场景，我会给出更详细的建议，以避免猫咪“兴风作浪”。

抓挠问题

不要给猫咪去爪（前文已讲过原因）！我们要采用其他方法避免猫咪抓挠。我们可以提供更多地抓挠板和抓挠柱，或给猫咪修剪指甲。如果定期修剪指甲，即使猫咪抓挠，家具大概率也能完好无损。建议修剪间隔为10天至2周。不要指望一次剪掉猫咪所有的指甲！如果你不能在家中完成此工作，请将他带到宠物店或宠物医生诊所，那里有更多经验丰富的专业人士哦。

考虑一下猫的抓挠喜好，用类似的物体（瓦楞纸、剑麻材质的物品）放置在抓挠的家具附近，再用双面胶带或铝箔纸覆盖你的家具。

乱撒尿问题

当猫在非指定区域撒尿后，请立即拿出一些纸巾并尽可能地擦干被尿的地毯或地板。尽可能干净地吸干尿液，取出地毯清洁剂或使用洗洁精清洗，将地毯浸泡1~2小时，再轻轻吸干，用自来水再次冲洗该区域。用苏打水浸泡该区域10分钟，然后在该区域放置毛巾反复吸干苏打水。用重物（如书本、家具等）压住毛巾并放置过夜。第二天一早，用酶促清洁剂喷洒该区域。

切勿在地毯上使用氨或基于氨的产品。这种气味可能将猫咪再次吸引到该区域，并可能鼓励猫在该区域小便。如果你进行了所有清洁，猫咪仍继续在该区域小便，请更换下面的填充物并清洁地毯下面的区域。清洁完猫咪撒尿的区域后，请思考是否是因为猫砂盆不够多？选用的猫砂盆猫咪不喜欢？或者猫砂盆太脏？

对于尚未养成固定排泄点排泄习惯的幼龄猫，我们可以在察觉到猫咪准备去撒尿之时，用玩具或零食等诱导小猫去猫砂盆。对小猫大喊大叫或恐吓，都可能永久性地破坏猫咪与主人的关系哦。也可以将猫和猫砂盆先限制在较小的空间内（如一间卧室），直到小猫开始固定的使用猫砂盆，再给猫咪开放更大的空间。

抓咬问题

如果猫咪喜欢和你的手指玩耍（如啃咬手指），这是一种“正常”的行为哦，但这种行为不应该得到鼓励。我们可以通过以下方式正确引导猫咪。在察觉到他们有啃咬动作之前，给他们玩玩具；在被咬后立即停止游戏，随后忽略他们一段时间。让他们知道自己做错了，请不要惩罚猫咪，否则他们可能会害怕你或者以为自己引起了你的注意。

猫咪的行为学训练方法

❶ 正向强化（最常用）

给予奖励来强化正确的行为，如猫咪在猫砂盆里排尿时给予零食。

❷ 负向惩罚（可与正向强化合用）

停止某举动来强化某行为，如当猫咪和你玩耍时咬你，为了惩罚他，立即停止玩耍并忽略他一段时间。

❸ 负向加固（不可取）

停止某举动来加固正确行为，如用带电的项圈进行猫咪训练，这种项圈对猫咪一直有电击，当正确行为产生时电击停止。

❹ 正向惩罚（不可取）

给予注意力来惩罚某行为，如当猫咪随地小便时打骂猫咪。

养猫第一课

第6章

猫咪绝育

林翔宇

让我们来做一道数学题：一只性成熟的雌猫，保守估计每年能生两窝小猫咪，每窝能存活2~3只，那么8年后，猫咪和他的后代繁衍总量有多少呢？答案是：两百多万只！这就是社会上有这么多流浪猫的主要原因。如果猫咪们能得到及时的绝育，他们也可以拥有更高的生活质量。

第八年：2072514只

为什么要给猫绝育？

尽管绝育后的猫咪可能出现肥胖等问题，但是猫咪绝育带来的好处远远大于其造成的一些问题。

健康因素

❶ 在第一次发情前进行绝育，可减少母猫患乳腺癌的风险。

❷ 绝育可以防止猫咪子宫蓄脓、囊性子宫内膜增生、子宫肿瘤等子宫疾病的发生。

❸ 绝育会降低猫咪阴道脱垂、阴道炎、假孕、乳腺增生等疾病的概率。

❹ 公猫绝育后可减少发生前列腺炎、前列腺肿瘤的概率，防止睾丸肿瘤。

行为因素

❶ 动物发情的时候，若不能满足其需求，他们会感到很痛苦。但假若放任他们自由交配，后续母猫的怀孕和生产以及小猫的照顾需要耗费大量的心力和资源，并不是每个家庭都能提供这样的条件。

❷ 尽早绝育可以减少动物在发情时期偷跑外出寻欢的概率，降低外出期间感染疾病、与其他猫打架受伤、发生车祸、中毒、意外怀孕或走失的风险。

❸ 对公猫绝育，可以很大程度地改善猫用尿画领地的问题，也会让动物性情更为温顺，让动物和人的关系更为融洽。

控制流浪动物数量

未绝育的猫咪会导致意外出生的小猫增多，造成流浪动物数量增多，而流浪动物多数会死于饥饿或意外。流浪动物对城市生态环境也有不利影响，很多城市里的鸟类会被流浪猫捕食，社会需要花费更多公共资源来解决流浪猫的问题。在美国每天约有7万只小猫或小狗出生。过度繁育可能会导致某些社会问题，美国每年大概有370万只动物被实施安乐死。

应该在什么年龄绝育?

早期绝育（在第一次发情之前）可以大幅降低上述生殖系统疾病发生的风险。一般猫在5~6月龄时第一次发情。因此如果不需要对猫进行繁育，在疫苗接种完成后，初次发情前进行绝育。

绝育手术是怎么做的?

术前注意事项

为防止食物在手术过程中由于呕吐或反流进入呼吸道，进而造成吸入性肺炎或窒息，动物应在手术前4~6小时禁食，但无需禁水，2月龄内的小猫应把禁食时间缩短至术前2小时左右，以免发生低血糖。同时要提前做好防应激的准备工作（具体措施见后文）。

术前检查

术前常规需要进行相应的血液学检查，包括血常规、血液生化检查和血凝测试等。这些血液学检查用于评估猫咪的肝肾功能和凝血功能等，这对手术麻醉的风险评估至关重要。必要时，可根据猫咪个体的差异进行其他的术前检查，以排除相应的麻醉风险，如有心杂音的猫咪，建议做一个全面的心脏超声检查，查找原因。

手术

❶ 吸入麻醉比注射麻醉更安全且麻醉深度更容易控制，因此宠物医生经常推荐使用吸入麻醉。在吸入麻醉之前，常注射一些镇静剂进行麻醉诱导。

❷ 母猫绝育意味着移除整个子宫与卵巢。

❸ 公猫绝育意味着移除睾丸，但保留阴茎与阴囊。

❹ 手术中和手术后苏醒前会给猫咪进行静脉输液。

术后注意事项

❶ 防止动物应激。

❷ 佩戴伊丽莎白圈，防止猫舔舐创口造成感染，使伤口愈合不良。

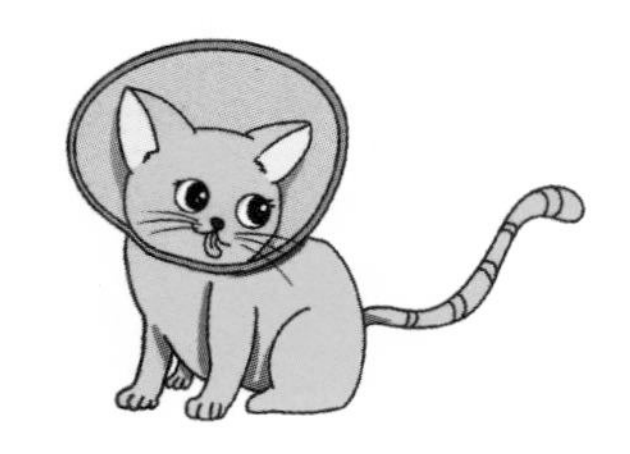

❸ 尽量给猫一间单独的房间，减少噪声。若是多猫家庭，要将术后猫

隔离，避免被其他猫打扰。

④ 注意保持适宜的环境温度，麻醉过后动物体温常常偏低，需要做好保温工作。如果使用电热装置，也要提防烫伤。

⑤ 遵医嘱给予相关药物。

⑥ 术后1~2天，猫咪的排便可能会减少，这是麻醉的副作用。

⑦ 公猫绝育一般不需要缝合，母猫绝育后有缝合线，应遵医嘱适时拆线。由于多数猫在医院有应激反应，现在宠物医生多用可吸收缝线进行皮内缝合，猫咪不用再回医院拆线。创口应尽量避免沾水，可以使用低浓度洗必泰溶液消毒。

⑧ 绝育后，动物的活动减少，新陈代谢率降低，使他们更容易长胖，但绝育本身并不是导致肥胖的直接原因，因此不应因噎废食。在绝育后，要密切关注动物的体重变化，控制饮食，加强运动，防止肥胖。

那些关于绝育的传言

对公猫早期绝育会导致其尿道发育异常吗?

美国小动物繁殖学专家Margaret Root Kustritz博士与Gary Johnston博士的研究表明，绝育时间并不会影响尿道阻塞的发病率，也不会改变尿道直径。绝育年龄并不是尿道疾病发病的相关因素。

假装医生把猫抢走，猫才不会恨你吗？

“抢猫”的操作反而会增加猫的应激，下一次来医院的时候，猫会更害怕。事实上，如果按照平常的方式减少他们的应激，在麻醉后醒来，猫咪们并不会发现自己的子宫或者是睾丸不见了，猫咪只感觉像睡了一觉一样。因此，最重要的是减少术前和术后的应激。很多时候，猫咪回家后的行为改变都跟麻醉反应及去医院造成的应激有关。

没有生育过的猫，“猫生”不是完整的吗？

事实上，这是把人类的思维强加于猫咪身上。而且，就算是人，也并非没有生育就不是完整的！猫并不会想这么多，他们的发情、繁殖都是由于激素作用导致的不受控制的行为。而且在发情前绝育会显著降低乳腺癌的发病率，这种对癌症的预防作用会随着每一次的发情而递减。

不出门的猫不用绝育吗？

上文提到，绝育不只是为了减少动物的后代数量，也可以预防某些疾病、改善动物行为、防止动物外出以及减少动物在发情时的痛苦。发情对于猫咪来说很痛苦，对主人的耐心也是一个巨大的挑战。

养猫第一课

第7章

猫咪为什么不活泼了？——如何看出猫咪身体不适

林翔宇

以下两种猫咪的状态，哪一种是可能生病了呢？

A. 情绪低落，躲在床底不肯出来，咬人，眯着眼睛，皱着嘴巴。

B. 频繁舔毛，除此之外一切正常。

答案是两种都有可能！猫咪是很善于隐藏自己情绪的动物。

动物在野外时，即使生病也不会表现出自己过于虚弱的样子，否则就容易被捕食者锁定，或者降低自己捕猎的成功率。因此，即便经过了这么多年的驯化，猫还是保留着一些“野性”，他们很会隐藏自己身体不适的状况。因此，我们经常无法在疾病发展的早期识别出猫咪的临床症状。等发现的时候，疾病已经发展到后期了，不仅猫经历了一段时间的痛苦，之后的治疗效果也会大打折扣，治疗费用也会更多。

猫咪生病的表现比较微妙，虽然有些疾病需要进一步的体格检查或者实验室检查才能发现，但是也有很多猫咪生病的线索是主人在平常就可以发现的。本章将主要介绍如何发现猫生病的迹象，帮助各位“铲屎官”尽早抓住带猫去医院治疗的时机，能在早期就对猫咪的疾病进行干预。

请记住，下文所提到的疾病仅仅是为了举例说明，列出了可能发生的情况。兽医学是一门复杂的学科，同一种病在不同个体也会有不同的表现，而同一种症状也可能对应多种疾病。建议大家在发现猫咪表现异常后，及时带自己的爱猫前往正规医院就诊，切勿自行诊断和自行治疗！

精神状态

人类在生病的时候，最明显的表现就是突然无精打采，猫咪也如此。精神沉郁、昏睡、嗜睡、对游戏失去兴趣、对主人互动的反应与平时不一样（如平常不让摸的猫突然让人随意摸了，平常可以让人摸的猫突然不让摸了）、过度亢奋等都可能是生病的表现。有时候会见到猫躲在床底、角落等平常很少踏足的地方。生病的时候，他们更倾向于独处，不愿意被发现。

食欲和饮欲

食欲和饮欲的升高和降低可能都提示着疾病，如口腔疾病、胃肠道疾病、系统性疾病、内分泌疾病等。例如，饮水和进食过多，可能与糖尿病或者其他内分泌疾病有关。同时，对食物偏好的改变也可能与疾病有关（例如突然不吃干粮了，可能与口腔疾病有关）。要注意的是，若猫咪长时间缺乏食欲，不进食，很可能会诱发脂肪肝，导致严重的后果。这时候医生可能会考虑给予促食欲药、输液甚至使用鼻饲管等辅助饲喂手段来干预。

毛发和皮肤

如果猫咪的毛发突然在一段时间变得粗乱，失去打理的样子，这可能提示他们感觉不适，因此没有精神打理毛发。若猫咪突然开始反复舔舐某一个部位，甚至舔舐的部位出现了脱毛，这可能提示该部位有疼痛。同样的，某些部位有秃毛或者皮肤出现红斑、黑点等皮肤病变，这可能是皮肤病的表现。下巴上有黑点可能是猫痤疮的表现。

一些明显的症状

呕吐、咳嗽、腹泻、血尿、血便、流涎、便秘、跛行、神经症状、跳跃困难、爬楼梯困难等都是猫咪身体不适的明显症状。但是，猫咪经常会有生理性呕吐的现象，若仅是偶发性呕吐，而不是反复多次呕吐，可暂时在家中观察。同时，偶尔咳嗽一声或打一个喷嚏也可以先在家观察一段时间哦。如果猫咪短期内多次出现咳嗽、打喷嚏的症状，建议前往医院就诊。

体重改变

猫咪体重异常增加或下降都可能是疾病的表现。例如，肿瘤可能会导致恶病质，从而表现为消瘦。甲状腺机能亢进的猫也会表现出消瘦。此外，若猫咪四肢纤弱但腹部和躯体肥大，可能与肾上腺皮质机能亢进有关。肚子变大也可能与腹水有关。体重增加也可能单纯是肥胖所致的，但肥胖也可能是其他疾病的风险因子。

肾上腺皮质机能亢进

呼吸频率改变

猫咪出现喘气或者表现出运动不耐受（比如跑几步、爬几层楼梯就气喘吁吁），这些可能是呼吸系统或心脏系统疾病的表现。猫的正常呼吸频率为每分钟16~40次。

牙齿

观察猫的牙龈，若出现红线可能是牙龈炎的表现。我们也可以观察到一些口腔病变或牙结石等，同时口腔气味的改变也是疾病的一种表现。

猫咪疼痛的表现

猫咪突然发生行为改变，如一直躲藏在高处或者暗处、精神状态变差、睡眠时间增加、对平常有兴趣的玩具失去了兴趣、弓着背、发声增多、叫声痛苦、突然变得有攻击性、理毛减少并导致毛发粗乱或反复舔舐某一个地方、呼吸急促或喘气、瞳孔增大等，都可能是猫咪疼痛的表现。若猫咪口腔有疼痛，食欲和饮欲可能会下降。突然不让主人摸某些部位（以前愿意被摸的），甚至不愿意让主人触碰，也是疼痛的表现。注意！不要给猫吃人用的止痛药和退热药（包括人用的感冒药），如布洛芬、对乙酰氨基酚（泰诺）和阿司匹林等，这些药物会让猫咪中毒！

此外，Paulo Steagall博士的研究也可以帮助我们根据猫的面部表情评估猫的疼痛情况，下图从左到右分为代表轻度疼痛、中度疼痛和重度疼痛。当猫咪疼痛的时候，耳朵扁平并向外侧旋转，倾向于闭眼，口鼻收缩，胡须上翘。

轻度疼痛　　中度疼痛　　重度疼痛

排尿情况

有关节或骨骼疾病的猫不易跳入猫砂盆中，他们可能会在猫砂盆周围排泄。猫咪排尿减少可能意味着脱水、急性肾损伤等。有些猫会出现尿闭、少尿的症状，这可能是应激导致的猫下泌尿道综合征，或者是由结石堵塞导致的，表现为猫咪排尿频率增加或出现排尿痛苦，发出痛苦的叫声。尿多可能意味着慢性肾病以及某些内分泌疾病，如糖尿病或肾上腺皮质机能亢进。血尿可能与膀胱炎、结石等有关。

黏膜颜色改变

口腔黏膜、牙龈和巩膜（眼白）的颜色变化。正常情况下，猫的口腔黏膜和牙龈应该呈淡粉红色（但有的猫会有一些色素沉积，这是正常现象），各位主人应该在平常观察并记住猫正常情况下的黏膜和牙龈颜色。在猫缺氧时，黏膜颜色会变为蓝紫色，医学上的术语称为紫绀。若猫的黏膜颜色变浅，呈白色，很可能出现了缺血、贫血或休克的问题。若发现黏膜和牙龈变黄，甚至巩膜也呈现黄色，可能是黄疸的表现，与肝胆疾病、溶血性贫血等有关。

脱水的判断

可以利用黏膜的黏度变化来评估猫是否出现脱水。如果用手按压猫的牙龈然后松开手指，牙龈颜色在2秒内没有恢复，可能提示猫咪脱水。提拉猫颈部的皮肤然后放下，正常情况下，皮肤能迅速恢复。若皮肤回缩较慢，提示轻度至中度脱水。若猫咪的眼球凹陷，提示重度脱水。

体温

如果猫咪耐受良好，最准确的体温测量方法是测量肛温，但很多时候测量肛温并不容易，主人在家可以考虑使用耳温枪测量耳

温，以获得初步的体温信息，测量耳温比腋温更为准确。猫的正常肛温为37.8~39.2℃，耳温比肛温低1℃左右（注：人用耳温枪测量猫耳温时数据不准）。如果需要测量肛温，最好能有另一个人帮忙固定猫咪，记得在使用体温计前后都要消毒，而且插入肛门之前要在体温计上涂抹润滑液（最好是水溶性润滑液）。

养猫第一课

第8章

怎样判断猫咪是否需要急诊救治?

陈帡蕾

经常有人捶胸顿足地说：我的猫当初要是怎样怎样就好了！可遗憾的是世上并没有后悔药。在急诊间，我们也会经常看到很多主人责备自己没有及时发现猫咪的一些端倪而导致延迟诊治，错过了最佳的治疗时间，甚至造成了不可挽回的后果。鉴于多数“铲屎官”都不是专业的宠物医生，也有很多人是第一次当“铲屎官”，因此，我将介绍一些猫咪常见急病的临床症状。

猫咪呼吸困难

我们自己在家就能解决的最常见的呼吸道急症是猫哮喘。常见的症状就是猫咪呼吸快且浅，甚至是张口呼吸像窒息一样。另外原应为粉红色的牙龈、掌垫和耳朵内侧也可能变得苍白甚至发蓝、发紫等。猫哮喘的主要原因是环境中的未知过敏原，其他还包括寄生虫等。宠物医生在确诊猫哮喘后，会建议你购置吸入装置和相关药物，在猫咪哮喘发作时，按下装置2~3下，让猫咪吸入药物

缓解症状。

当然，还有很多原因可能会导致猫咪呼吸困难，如心脏病、癌症、传染病等，当发现猫咪频繁出现呼吸困难时，“铲屎官”们应该带上猫咪积极就医。

猫咪排尿异常

如果你的猫咪进进出出猫砂盆，有点焦虑甚至怒叫，又不能顺畅地排尿时，你就要注意了！特别是如果你的猫咪是“小帅哥”还有结石史或结晶尿史的时候，这些症状有可能是尿道堵塞引起的。膀胱是用来储存尿液的器官，它像气球那样有一定的伸缩性。但如果尿道堵塞了，尿液又不断从肾脏输出，膀胱有可能像气球一样被撑爆。这是一个非常危险的情况！除此以外，尿液中的毒素会不断被机体重新吸收，像“慢性自杀”一样。除了不能顺畅排尿和血尿的症状外，严重时可能会有心律不齐、呼吸加速、低温、昏迷等现象。遇到这样的情况，请马上就医！

猫咪难产

怀孕是全家的喜事，大家最喜欢听到的就是母子平安，但全天下的母亲在生产时都有可能经历一些风险，猫咪也不例外。配种时的选择和怀孕期间的产检都能降低猫咪难产的概率。产前检查确定猫崽数量和大小有助于确定猫咪是否完成生产。若分娩期间有胎儿存留在体内无法排出，就需要带猫咪去医院进行治疗。由于紧张等各种因素，猫咪的生产前期可能持续24~36小时，但生产这一过程实际是比较快的，20~30分钟能排出一只猫崽，如果你看到猫崽一直在阴道内无法排出，应该考虑到医院就诊。每只猫崽应该匹配一个排出的胎盘，如果胎盘数少了，应该带上猫咪到医院就诊，否则可能引起子宫感染。除了猫咪为人母会紧张外，很多“铲屎官”也会过分紧张，恨不得马上把猫咪送去医院生产，但对于动物来说，在自己熟悉的环境中生产是最好的。另外，医院尽管有良好的消毒措施，但毕竟是看病的地方，环境中存在的微生物对免疫系统发育不成熟的猫崽来说是一个潜在的风险。因此，我建议在确定预产期后，请保持和宠物医生的紧密沟通，如有需要再前往医院治疗。

后肢突然瘫痪

如果哪天你发现猫咪后肢突然走路不稳甚至瘫痪伴随惨叫声。请马上带到动物医院接受诊断和治疗。这极有可能是猫动脉血栓栓塞（feline arterial thromboembolism）。由于血栓堵塞血管，因此症状常见无股动脉搏动或脉搏微弱，猫咪脚垫变凉、变紫蓝色，肌肉疼痛继而僵直。猫咪在此时非常疼痛。有心脏疾病史的猫咪患有该病的风险较高，因此我建议猫咪要按医嘱吃药，定时复诊以降低患病的概率。

除了猫动脉血栓栓塞，还有可能是椎间盘突出。对！像人一样，猫咪也可能患有椎间盘突出。轻微的时候，猫咪表现为疼痛，不愿意活动。严重的时候，椎间盘压迫神经，可能导致后肢瘫痪。这种情况必须尽快带去动物医院治疗。

误食中毒，怎么办？

虽然猫咪乱吃东西的概率要比狗低。但出于好奇，猫咪偶尔也会吃一些不该吃的东西，如百合花、老鼠药、消毒剂、含菊酯类产品；有时也是人为的疏忽，如喂食过量的药物或者人用的药物。如误食发生了，应尽早带猫咪去宠物医院处理，如误食发生在2小时以内，宠物医生可以施加药物进行催吐。也请“铲屎官”尽可能带上产品包装袋，包装上有误食产品的主要成分及浓度，这样便于宠物医生查阅相关资料。在成百上千的毒物中，只有极少数的毒物有解毒药。多数的情况下，宠物医生要做的是防止猫咪身体继续吸收毒物，加快体内清除。

猫常见的中毒物

❶ 百合花（花和叶）：对肾脏有损伤，猫咪表现出呕吐、多饮多尿等症状。

❷ 老鼠药：根据成分不同可导致猫咪内出血或者出现神经症状。

❸ 对乙酰氨基酚（泰诺等退烧药成分）：对心血管和肝脏有损伤，有溶血作用，猫咪表现出贫血、血尿等症状。

❹ 除虫菊酯类产品（蚊香、犬驱虫药等）：猫咪表现出肌肉震颤、癫痫等神经症状以及过敏性症状等。

❺ 家用清洁用品（洗洁精、消毒剂等）：口腔、皮肤等黏膜损伤，眼睛角膜损伤等。

癫痫

动物也会有癫痫，有的是轻微的症状，如面部、四肢抽搐，严重的话会全身抽搐、口吐白沫、大小便失禁等。癫痫一般是突然发作的、非正常的脑电波导致肌肉不自主地活动。值得一提的是，有时候猫咪进入梦乡时也会有四肢抽搐的现象并伴有嘤嘤的声音。那么如何区分癫痫和做梦呢？癫痫发作时，动物是失去意识的。如果你能把猫咪从梦中叫醒，而且他们对你有反应，那么就是猫咪在做梦而不是癫痫。

如果这是猫咪第一次癫痫发作的话，即便只有几秒钟的时间，也请把他带到动物医院就诊，弄清楚原因并对症下药。如果猫咪有严重的癫痫，全身不受控制，请你保持冷静，尽管这是特别难做到的事情。此时的你，要保护好自己、猫咪和家人（特别是老人、小孩）以及其他家庭动物的安全。因为上文提到，癫痫发作时，动物是处于无意识的状态，有可能自己撞到家具造成二次伤害，也有可能会咬伤你或其他家庭成员。此时你可以用护栏、纸皮箱等围一个小而安全的空间给猫咪，直到猫咪症状有所缓解。与此同时，拿出你的手机记录他们发作的情况，之后可供宠物医生参考。影像资料比口述能提供更多的细节。另外，记录发作时长和频次对宠物医生的诊断也是非常有帮助的。

如果癫痫发作了3分钟左右还没有停止的迹象，请尽可能把猫咪送到最近的医院。因为过长时间的癫痫发作会导致脑组织损伤，造成不可逆转的破坏，甚至是死亡。

如果你的猫咪之前就有癫痫史的话，请按时给他们喂药和复诊。

严重外伤，怎么办?

一些猫会因为发情而跳楼，或者出逃时不小心被车撞到。这是让人非常惋惜的事情。各大网站、论坛都曾科普过如何做能避免这些悲剧的发生，我在这里就不多叙述了。那么如果这些事情发生了，我们应该怎么办呢?

首先你要保持冷静，这句话说起来简单，做起来却非常困难，特别是受伤的是自家的猫咪。对于突然的外力冲击，一般受到影响最大的是骨骼和内脏，常见的有骨折、膀胱破裂、大血管破裂、肺出血等。而且此时，动物是处于十分受惊和疼痛的状态。因此，你能做的是在尽量少摆弄猫咪的基础上（以减少神经损伤），用硬的板材把受伤的猫咪放入小猫笼和小纸皮箱，并在里头垫上一些柔软的垫料，如尿垫、毛巾等。狭小的空间能让受惊的动物不过度活动，避免二次损伤。随后马上联系附近的急诊医院对动物进行救治。

与其他动物打斗

对于一些多猫家庭或者是养在户外的猫，比较容易发生打斗（特别是未绝育的公猫、发情期间的猫），并且猫咪们“互撕”的武器一般是牙齿和爪子，而这两者都带有非常多的细菌。因此，外伤后没正确处理容易造成细菌感染。万一意外发生了，我们应该怎么做呢？

❶ 根据毛发染血情况，查找伤口的位置；在常见的部位（如头、耳根、脖子、四肢、尾根等位置）寻找伤口位置；用手抚摸猫咪全身，看猫咪是否有疼痛反应或者结痂的部位。若受伤部位涉及胸壁，并且猫咪有呼吸异常的情况，可能是由于猫咪的胸腔内积累了过多的气体，请马上带至动物医院让专业人士处理。

❷ 给猫咪带上伊丽莎白圈，防止他们继续舔舐伤口。（这一点非常重要！）

❸ 清理伤口对伤口愈合尤为重要。首先，根据其伤口的大小和深度，医生会考虑是否给予止疼药和抗生素，其次，伤口处理一般需要剃除毛发，用抗菌溶液对伤口进行深度清洁。若是旧患，可能还需要用到麻醉药，对坏死组织进行切除。由于处理过程需要专业技术和设备，建议“铲屎官”们把猫咪带到动物医院进行处理。

❹ 若“铲屎官”决定自己在家为猫咪处理伤口的话，首先要注意自身安全，避免猫咪因疼痛而抓伤或咬伤主人。请勿用酒精或双氧水等刺激性消毒品处理伤口！处理完毕后，注意观察猫咪

的食欲、精神状况以及伤口是否鼓起包。

另外还有一些与原发疾病相关的急诊情况，我就不过多叙述了。总而言之，我们要多跟医生沟通，按照医嘱护理猫咪哦。

急诊就医的一些建议

对于急诊来说，时间就是生命!

1. 提前熟悉3公里范围内的动物医院。
2. 选择你信赖的1~2个医生。
3. 选择1~2家距离你住址近的24小时营业的动物医院。
4. 了解医院的医疗团队、医疗技术、医疗设备和营业时间等。
5. 最后选择合适的就医地点并记下医院的地址和电话。

第9章

避免应激，从小做起

林翔宇

猫咪今天偷吃了主人吃剩的蒜蓉香菇后，生病了。在去医院的过程中，猫咪经历了“猫生”最大挑战：医院里狂吠的狗狗、陌生消毒水的气味、拿着粗针头的医生、急刹车和喇叭声……在医院输液、吃药后回到家，你发现猫咪并没有恢复活泼可爱的模样，而是缩在角落里不愿出来，因为猫咪应激了！

什么是应激?

猫是一种特别敏感的动物，因为他们的祖先在野外既是捕猎者又是被捕食者，所以他们必须时刻警惕外界环境的变化。应激是动物在面对外界不利刺激的时候，自发产生的一种应答模式。举个例子，想象一下自己楼梯差点踩空的时候，发现自己被坏人跟踪的时候，这些时候我们是不是都会心头一紧，背脊发凉？猫在很多时候，都暴露在对他们而言很可怕的环境之下，所以他们很容易发生应激。

猫感知环境变化的能力较强，他们的嗅觉非常灵敏，同时也依靠视觉和听觉对外界做出反应，因此当外界环境发生变化的时候，他们的反应也相对较大。作为独居动物，猫咪的领地意识较强，对自己的领地有很强的控制欲。猫摩擦家具和主人的衣物是为了让自己的味道留在上面，标记自己的领地。若他们的领地受到侵犯、环境中熟悉的味道消失，或者出现一些他们意想不到的情况时，应激便会发生。

应激的猫是什么样的?

猫是一种很会隐藏自己感情的动物，因此很多应激表现都比较微妙，很多时候容易被忽略。猫咪应激时可能会出现以下表现：

❶ 过度梳毛，过度进食。有时候猫会过度找主人讨要食物，也可能会频繁舔舐、打哈欠。这些行为可以让他们产生更多的内啡肽（一种带来愉悦感的激素），让他们更舒服。

❷ 有乱撒尿的行为。猫咪撒尿常常是为了标记自己的领地，这属于行为学问题，此时猫是在猫砂盆外的地方撒尿，是弓着背撒尿的，并且不会试图将尿埋起来。当猫咪乱尿又将其埋起来的时候，可能不是行为学问题，而是泌尿系统的问题，需要咨询宠物医生做进一步检查。

❸ 躲在高处或者藏起来。他们会坐着不动，保持警觉，或者缩成一团。

❹ 呼吸急促。

❺ 尾巴放低，快速摇晃，或者缩在胯下。尾巴“炸毛”（毛竖起，让自己的身体和尾巴显得更大，以迷惑敌人）。

❻ 耳朵朝向两边（俗称飞机耳），瞳孔放大，胡须朝下。

炸毛

⑦ 发出痛苦的叫声，或者嘶叫、嚎叫。

⑧ 害怕的情绪可能会转变成自卫性行为，猫咪变得有攻击性，攻击主人或者其他动物。

> 上述的一些表现也可能是因其他疾病导致的。若应激源被消除后，猫咪仍然出现上述情况，则需要咨询宠物医生做进一步检查。

为什么要避免应激？

应激可能会导致一系列行为学问题甚至会引发疾病。

① 应激发生时，猫咪的下丘脑—垂体—肾上腺皮质激素系统被激活，导致糖皮质激素分泌增加，这是一种具有免疫抑制作用的激素，会降低动物的免疫力，使其更容易生病。

② 应激可能会造成一系列泌尿道疾病，如猫下泌尿道综合征。

对公猫来说，这个问题应高度重视。

③ 应激可能造成胃肠道问题，导致猫咪厌食，继发脂肪肝等严重疾病。

④ 目前的研究表明，应激也与猫传腹的发生有关，这种疾病高发于3月龄至3岁龄大小的猫咪。

⑤ 若猫咪在医院处于应激状态，测定的参数和指标容易不准确（如血糖、白细胞数量、心率等参数），导致检查所需要的时间变长、难度增大；甚至使检查无法进行，或者需要先镇静才能进行。这些额外的镇静不仅耗时、费钱，还会对一些猫咪造成风险。而且猫咪对医院的恐惧会进一步增加下一次就医时的应激。同时，若猫咪每次去医院都很痛苦的话，很可能在此之后，主人只会在“万不得已”的情况下才带猫咪去医院。这样可能会延误猫咪的早期诊断，甚至错过最佳的治疗时机。

什么会造成应激？

猫咪个体之间差异很大，同样的事件对一些猫咪来说是很大的应激，但对一些“心大”的猫咪来说，反而觉得是好玩有趣的，那么主人就不需要处处小心了。因此，主人要根据自己猫咪的实际情况去判断和考虑。下面介绍一些常见的应激诱因。

排便的地方不舒适

猫咪对排便场所的要求很高。我们要保证猫砂盆够大够干净，要每天清理猫咪粪便。如果家里有多个猫砂盆，不要放在一起。猫砂盆放置点要安静、隐蔽。在猫排泄时，不要去打扰他。猫砂盆要和食盆、玩具等分开，不要放在一起。

搬家

搬家会让猫咪生活的整个环境发生很大的变化。可以在新家里喷洒或熏费洛蒙。猫费洛蒙是一种只作用于猫的信息素，可以给猫一种熟悉、安全、舒适的感觉。此外，可以考虑提供一些隐匿的地方或高的地方（如猫爬架），并在家中放置一些有猫咪熟悉味道的物品。刚开始时可让猫咪的活动局限在一个小房间中，然后再慢慢熟悉整个新家。

多猫家庭

猫是独居动物，他们生性不适合群居。若与其他猫共同相处，猫咪们在争夺领地资源时，可能会发生应激。因此，应做到每只猫都有自己固定的食盆、水盆和猫砂盆，且食盆、水盆、猫砂盆的数量应大

于猫的数量。如果家中有三只猫，应放置至少四个食盆、四个水盆和四个猫砂盆。每只猫的活动场所最好也能适当分开。

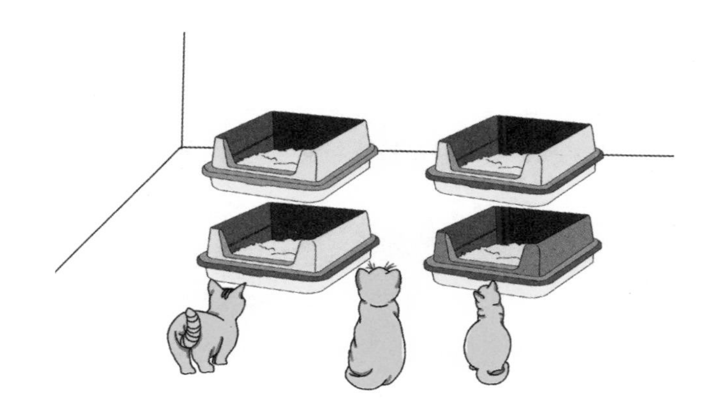

有客人拜访、有婴儿出生或者有新动物到来

应在家里提供一些让猫咪可以躲藏的地方，他们喜欢隐蔽、封闭、黑暗、高处的藏匿场所，如纸箱、橱柜、猫爬架等，这些能让他们在有应激源的时候能找到一个地方躲藏，减少应激。不要随便把他抱到他不喜欢的地方，如果他们不愿意的话不要让陌生人抱他们。如果他们想逃，不要阻止他们。在引入新猫、新狗或新兔子时，应循序渐进，可用隔板先隔开引入的新动物（详见前文）。

噪声

尽管有些声音对我们来说不是很大，但是猫听力很敏锐，如果这些声音出现得很随机，他们事先没有心理准备，对于某些猫来说，这些声音可能就会对他们造成应激。包括宠物主人的大叫、吵架、很吵的音乐声、鞭炮以及装修声等。

奇怪的气味

猫的嗅觉很灵敏，应尽量避免在家中喷洒浓重的香水、除味剂等。装修时的味道也会让他们十分难受。猫咪更喜欢熟悉的味道，他们会通过用带有气味腺的嘴、下巴、脖子、耳朵、爪子摩擦等方式留下自己的专属味道。

训练时被惩罚

打猫等惩罚并不是一个很好的行为训练方法，反而会造成猫咪应激。我们在进行猫咪行为训练时，应该鼓励他们的好行为，在他们表现好的时候给予奖励，而不是惩罚他们的坏行为（详见前文）。

突然的改变

猫咪喜欢一成不变。猫喜欢稳定、固定和规律。如果你的猫容易应激，请不要轻易改变！如突然更换食物，突然更换日粮种类、数量甚至饲喂时间，都有可能对动物造成一定的应激，他们可能会拒食。正确的更换日粮的做法应该是：将新的和旧的日粮并列用两个碗放置，让他们自行选择，并通过调节粮食量逐渐完成新旧日粮过渡。

若更换了新的沙发、柜子、被罩和床单，尤其是当大量家具被更换时，可能会造成猫咪应激。这是因为猫会在旧家具上留下自己的味道，而新家具的味道是陌生的，这对他们而言是一种应激。总而言之，家中的摆设不要随便更换位置，保证喂食时间和食物，玩耍时间和被关在房间门外的时间也要尽量相同，让他们能够对将要发生的事情有心理预期，这能很大程度上减小应激发生的可能性。

如果我们刚养一只猫，我们与猫咪彼此之间还不太熟悉的时候，我们不应该强迫猫咪或者用大幅度的动作靠近他们，最好等待他们主动来找我们。我们也可以用零食或玩具诱惑猫咪过来，在他们走近时，要避免眼神直视，可降低身体与其保持一个高度。若猫咪愿意被抚摸，可根据情况抚摸其下巴或头部。若猫咪不愿意，不要强行去抚摸他们。当猫咪玩耍结束离开，不要试图留住他们，如果他们想要离开，就让他们离开。

缺乏精神刺激

猫是猎食动物，他们的捕猎行为需要得到满足。如果我们平常不跟猫玩耍，他们也容易产生应激。因此平常要有固定的时间陪猫一起玩，给他们一定的刺激，可以使用逗猫棒来模拟捕猎行为。积极、相似、可预测的互动，可以很大程度上减少猫的应激，让他们得到满足和快乐，而且也可以减少他们乱咬人的行为。

没有玩具让猫咪抓的时候，他们也会感到焦虑甚至出现应激，因此一定要在家中提供一些可以让猫咪磨爪的玩具！这不仅是在保护你的沙发，也是在保护你的猫。

疾病

当猫咪罹患某些疾病时，身体的不适也会成为应激源。

剪指甲

不正确地剪指甲也可能会造成应激（请参见第4章）。

看医生

带猫咪去看医生的时候，旅途的颠簸，在医院里接触的各种陌生人、其他猫甚至狗、环境的噪声及气味，以及医生对他进行的一些检查和操作，都会对猫咪造成非常大的应激。

如何减少就医过程中的应激？

每只猫对于医院的感受都不一样。尽量不要让猫咪对医院留有心理阴影，要让他们每次就医都比较愉快，这样以后就医就会更方便。

❶ 罗马不是一天建成的，猫咪也不是一天就能变成“淡定咪”

的。我们平常应把猫运输箱放在家里，让猫咪可以随时与其接触，把一些玩具、零食放在运输箱里面，让他们自愿进去吃零食、玩耍，提早适应运输箱里的环境。

② 我们平常可以模拟出游，帮助猫咪适应出门。刚开始可以先把猫放在猫运输箱里，然后带他出门，但仅止步于楼下。回家后给予猫咪零食奖励。下一次逐渐增加出行的时长和距离。尝试走到车里，启动汽车，甚至开车一段距离，然后逐渐增加距离。每次事后回家都要给予猫咪奖励，这样可以让他们习惯乘车，至少习惯出门这一过程。让他们知道，出门并不会有什么可怕的事情发生，相反还有零食奖励，这样能帮助他们缓解就医时的压力。

③ 对于很容易应激的猫，应尽可能选择去猫友好型医院，这些医院把犬猫就诊区分开，并提供更好的就诊环境。若条件不允许，也应该事先和医院预约好时间，在非繁忙时段去医院。我们应该在预约时间到达医院，不应过早抵达，这样能减少在医院等待的时间，也是减少动物的应激时间。

④ 告诉宠物医生你的猫咪的性格和习惯。如果你的猫咪特别害怕某种性别的人，医院可以根据实际情况调整参与治疗的人员。若自己开车就诊，可以让猫咪在车上等待，等到轮到自己的时候再进去就诊。对于非常容易应激的动物，可以先让一位主人进去介绍猫咪病史，等需要猫的时候再把猫带进去。

⑤ 就医当天，主人自己不要表现得很慌张。猫能感受到人的情绪，如果自己表现得跟平常不一样，猫也会感受到。

⑥ 选取可以从上方打开的猫运输箱。如果猫咪不愿意出来，把他们扯出来时会对猫造成更大的应激。使用上方开盖的运输箱，可以让猫咪待在运输箱里，医生从上方下手，在箱内对猫咪进行体格检查。也可以使用抽屉型猫运输箱。不要把猫运输箱放在地上，可以放在高处或捧在胸口。记住，前面说过，猫喜欢高的地方。

⑦ 在猫运输箱里放置有他们熟悉味道的柔软大毛巾。选择猫运输箱的时候要注意不要选择透明的，以防止猫咪看到外界的应激源（如狗狗、陌生人）。也可以使用毛巾盖在运输箱外面，遮挡他们的视线。你也可以提前15分钟，在猫包里喷洒一些费洛蒙。

⑧ 在车上可以播放一些轻柔的音乐或者白噪声。

⑨ 让猫饿着出门！再带上他们最喜欢的零食，这样在医院时，就可以用零食分散他们的注意力，让他们有较愉快的体验，减少应激。也可以用玩具分散他们的注意，逗猫棒是一个不错的选择。同时，到达家中后，也可以给猫咪一些奖励！

⑩ 最后，有些药物可以减少动物的应激。除了上述提到的费洛蒙这种信息素外，还包括一些镇静类处方药，如加巴喷丁、苯二氮卓类药物等。如果你的猫在就医时应激问题显著，可以事先向你的宠物医生咨询。

第10章

宠物医院的“怪阿姨”，你好

陈昇蕾

体检

体检对大家来说应该不陌生了。我们从读书到工作再到退休，医生都会建议定期体检，如果身体有问题，体检有助于早发现、早治疗。猫咪也一样，我希望“铲屎官”们要树立正确的观点，体检是为了疾病的早发现、早治疗。前文已提到，猫咪在不同年龄段的营养需求不同。同理，不同年龄段猫咪体检的项目也不尽相同。体检的频率和项目除了取决于猫咪年龄段外，还与其生活方式有关。越年老的猫咪需要做的体检项目越多，甚至体检的频率也越高。正在使用对肝肾有影响的药物的猫咪也需要更频繁地进行肝肾功能检查。室外饲养的猫咪，需要排查的传染病项目更多一些。

体检分为“看得见的”和“看不见的”项目。“看得见的”项目包括医生对猫咪身体进行触摸，用听诊器、体温计等测量一些例行指标（如心率、呼吸频率、体温等）。“看不见的”项目需要靠更多的诊断手法，如常见的抽血、X光、B超等。现在市面上有形形色色的体检套餐。一方面，作为宠物医生，我认为越多的信息越能帮助我判断病情；但另一方面，越多的诊断意味着越高的体检费用。所以“铲屎官”要跟医生做好必要的沟通，并且了解各个体检项目的意义，避免不必要的“医患纠纷”。

体检项目建议

幼年猫（<6月龄）：幼年猫的免疫系统未发育成熟，甚至还有从妈咪体内携带的一些病原体。因此我建议对于幼年猫，体检应该包括：基础身体检查、血常规、血液生化、粪检、猫瘟＋猫白血病＋猫艾滋病毒检查。根据猫咪的临床症状，还会有一些个性化的检查推荐，如耳镜检、皮肤镜检等。

年幼猫和成熟猫（7月~6岁龄）：对于这个阶段的猫，他们的免疫系统较为成熟。如果“铲屎官”平时已做好疫苗和驱虫措施的话，猫咪在此阶段一般没有太多的疾病。因此，我建议猫咪每年做一次常规身体检查、血常规和血液生物化学检测。如果你家猫咪“天生不羁爱自由”，喜欢做“街霸”的话，我也建议你安排猫瘟＋猫白血病＋猫艾滋病毒检查。

青壮年猫和老年猫（>6岁龄）：衰老是不可避免的过程，中老年猫的免疫系统会比青年时弱一点。如果“铲屎官”已做好疫苗和驱虫措施，猫咪患上传染病的机会还是比较低的。粤语里有句俗语“年纪大，机器坏”，困扰他们更多的是各种慢性疾病，如心脏病、糖尿病、肾病、甲状腺疾病、癌症等。因此，我建议主人每半年为猫咪安排一次体检。项目应该包括基础身体检查、血常规、血液生化。根据猫咪个体的差异增加一些项目，如有心脏病的猫咪应该做心脏超声检查；有肾病的话，应该做腹部超声检查、量血压等。

特别要提的一点是，一般的口腔检查，在非麻醉的情况下，宠物医生只能简单快速地看一两眼。全面的口腔检查需要用到镇静药物。一般猫咪有口腔疾病的话，临床症状表现为想吃不敢吃、口臭、流口水等。我们也建议“铲屎官”给猫咪每年安排一次洗牙来维持口腔健康。

项目/阶段	基础体检	血常规/血液生化	粪检	猫瘟/猫白血病/猫艾滋	超声	血压
幼年猫	√	√	√	√	+/-	+/-
年幼猫和成熟猫	√	√	+/-	+/-	+/-	+/-
青壮年猫和老年猫	√	√	+/-	+/-	+/-	+/-

注：√为推荐选择，+/-为结合实际情况选择。

疫苗

对于疫苗和驱虫，我们统称为预防保健医学。这些病都不是特别严重的疾病，并且有疫苗或药物可以预防。但是如果我们没有事先做好这些预防措施，也可能会导致重大疾病的发生，如心丝虫会导致心肺疾病、犬细小病毒会导致犬细小病等。疫苗是预防疾病比较经济的手段。但值得注意的是，疫苗并不是一次接种，终身有效；疫苗也不是金刚罩，有了它猫咪就能百病不侵。疫苗只是提前让猫咪的身体识别“敌人”，随后产生一定数量的抗体作为武器，等真正有“敌人”来的时候，能尽量打胜仗。

对于刚出生的猫咪，其免疫力主要是来自妈咪母乳中的抗体，但是这些抗体会在猫咪体内逐渐消失。因此，猫咪需要通过疫苗反应来生产自己的抗体。母源抗体一般在2~4周内消失，因此第一针疫苗应该在猫咪4周龄时注射，此后每隔2~4周再重复接种一次疫苗，共计3针。每年进行一次疫苗加强。最新的研究显示，有的猫咪在4月龄左右注射第三针，1/3显示免疫效果一般。因此，国际小动物宠物医生协会（WSAVA）建议第三针改到6月龄左右注射。随着母源抗体的消失和自身抗体的不足，在猫咪的生长过程中会有一段抗体空窗期，在这段时期最容易患一些传染性疾病。因此，我们建议，疫苗没有接种完毕前，尽量将猫咪留在家里，不要和其他动物接触。另外狂犬疫苗在3~4月龄时接种，1岁时进行免疫加强注射，此后每3年接种一次。

疫苗分为核心疫苗和非核心疫苗。核心疫苗用于预防一些死亡率较高、有重大危害的疾病，一定要注射。非核心疫苗建议根据猫咪的生活方式和感染该病的风险进行评估后再决定是否需要注射。目前国内市面上的猫核心疫苗为猫三联疫苗和狂犬疫苗。猫三联疫苗主要是用于预防猫瘟（猫泛白细胞减少症）、猫鼻支（猫鼻气管炎）和猫卡里西病。而狂犬疫苗也是非常重要的疫苗，用于预防狂犬病这种人畜共患病。如果人患上狂犬病的话，目前没有治愈的方案，致死率100%。因此“铲屎官”一定要高度重视给喜欢外出的猫咪注射狂犬疫苗。如果是室内养的家猫，请与宠物医生沟通，根据实际情况决定是否需要注射狂犬疫苗哦。

因为个体存在差异性，疫苗有可能会导致猫咪过敏反应（概率非常小）。多数猫咪的表现是在注射疫苗后的24小时内，变得没那么活泼、食欲降低等。这些都是正常的表现，一般2~3天后，他们就会恢复正常。另外每只猫咪接种疫苗后，产生的抗体量也不尽相同。这也是为什么有的医生会建议做抗体测试，看看当前的抗体是否足够保护猫咪。如果不足，医生会建议进行一次疫苗加强。

驱虫

驱虫的重要性

猫咪身上的寄生虫，分为体外寄生虫（如跳蚤、蜱虫、虱子、疥螨等）和体内寄生虫（如蛔虫、绦虫、钩虫、弓形虫、心丝虫、球虫等）。驱虫是为了提高猫咪和人的生活质量以及促进相互之间的感情。试想一下，谁愿意和一只满身虫的猫咪亲亲抱抱呢。更重要的是，这些寄生虫有可能会感染到人类，因此使用驱虫药是十分必要的。

有些“铲屎官”会问：我的猫咪都不出门，很干净，虫是哪里来的？这些寄生虫来自环境，也可能是来自猫咪妈妈、隔壁邻居养的猫或狗、未煮熟的食物、水源、蚊子，以及我们的衣服鞋袜等。定期用药驱虫是十分重要的。

市面上的体外寄生虫药物多适用于8周龄以上的动物。如果猫咪太小无法使用药物，我们可以给猫咪洗澡，用物理方式淹死或冲刷掉一些体外寄生虫，直到猫咪年龄足够大可以使用商用体外寄生虫药品。需要注意的是，对于幼龄动物而言，保温很重要。因此“铲屎官”要注意做好洗澡时的保温措施，洗澡后及时把猫咪吹干或擦干。

驱虫的药物

目前市面上的体内寄生虫药物都是口服的，而体外寄生虫药有口服的也有滴剂的。每个牌子的主要有效成分不同，每种有效成分针对特定的寄生虫类型和特定生长期的寄生虫，“铲屎官”必须遵循医嘱。我们不建议“铲屎官”自己根据药品广告用药，因为你使用的体内和体外驱虫药的有效成分有可能一样，这样就会导致使用剂量过量，又或者有效成分不能覆盖绝大多数寄生虫类型。最糟糕的是，有的铲屎官可能会用同类狗用产品，而狗用驱虫产品里含有除虫菊酯，这会使猫咪中毒！

驱虫的频率

幼龄动物的体内外寄生虫比较多，特别是来自环境较差的猫舍的猫咪或者是流浪猫。因此，我们建议每两周驱虫1次，做2~3次，此后每个月驱虫1次直到6月龄，随后每3个月驱虫1次。驱虫的频率要考虑你家猫咪的生活方式：是否吃生骨肉，是否是户外猫，是否是多猫家庭等，并结合体检中的粪检结果来综合考虑。上文提到，寄生虫多来自环境，如果你家猫咪有以上的生活方式，我们建议每月驱虫一次。

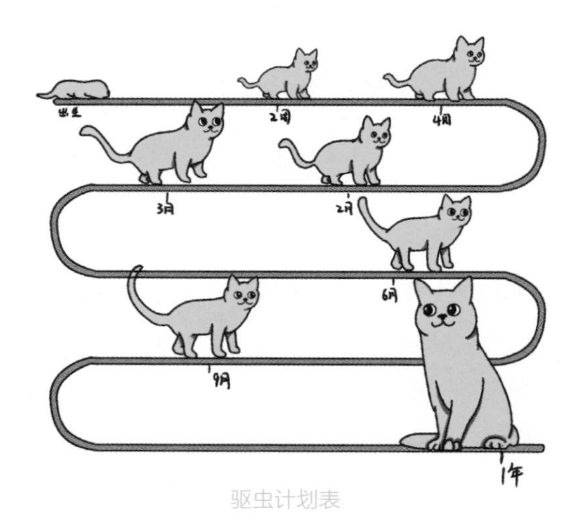

驱虫计划表

弓形虫

关于“备孕或怀孕就不要养猫”的说法，其背后的逻辑是担心猫咪身上携带的弓形虫会导致流产或者畸胎。但这些担忧可以通过日常注意而避免。猫是弓形虫的终末宿主，也就是说弓形虫可以存在于猫体内，而多数猫不表现任何临床症状，少数猫表现发烧、眼疾等症状。人类是弓形虫的中间宿主，也就是说我们是弓形虫寻找其真爱——猫过程中的一个过客。弓形虫是重要的人畜共患病的病原体，通过粪口传播，人类一旦感染就有可能造成流产或者胎儿致畸。但是正确科学地饲养猫咪，这个风险是很小的。

❶ 猫咪通过捕食老鼠、小鸟或者食用受弓形虫感染的生肉而获得感染。因此，尽量把猫养在室内，不喂食生骨肉，能极大地降低猫咪的感染风险，从而减少弓形虫感染人类的概率。

❷ 猫咪感染弓形虫后，一生只排一次虫卵，持续10~14天。感染后的猫咪会对弓形虫产生抗体IgM和IgG。如果猫咪测出弓形虫抗体IgG阳性，那就意味着他曾经感染过弓形虫，之后不会再排弓形虫卵。这些猫咪传染人类弓形虫的可能性几乎为零。如果猫咪测出抗体IgM阳性，表示猫咪正被弓形虫感染，处在排虫卵期。而两种抗体都显示阴性的猫咪，意味着从未感染过弓形虫，因此未来感染弓形虫和排虫卵的概率较大。

❸ 弓形虫虫卵通过猫咪粪便排出体外，并在排出24小时后才具备感染性。因此，我们建议准爸爸要每天清理猫粪，并在清理后

及时洗手。减少准妈妈与猫咪粪便的接触，从环境源头减少病原体，这样能大大降低人类感染弓形虫的风险。

最后简单总结一下：大多数情况下，“铲屎官”第一次带猫咪去动物医院的时候，医生会安排体检、疫苗和驱虫一起完成。如果有其他特殊情况，医生会根据情况适当分开或者延迟疫苗及驱虫程序。我希望以上内容能让各位“铲屎官”大概了解预防保健医学的内容，以减少不必要的“医患纠纷”。希望各位“铲屎官”和猫咪们每次都能有愉快的就医体验。

第11章

家有一老，如有一宝
——老年猫的照顾

林翔宇

猫咪多少岁才算老年呢？超过10岁的猫咪就可以被认为进入老年了。最长寿猫咪的吉尼斯世界纪录保持者是一只38岁的叫作“奶油泡芙”的美国土猫，而大部分猫咪的寿命是10~15岁。随着猫咪年龄逐渐增大，他们也会有更多的健康问题需要注意。北美保险公司Nationwide的理赔数据显示，老年猫最常见的慢性肾病的理赔率排名第四，并且是猫咪花费第二高昂的疾病，每年的平均费用为649美金。本章将介绍一些照顾老年猫的基本注意事项。

猫的年龄阶段与人类年龄的换算关系

我们来看一下美国猫宠物医生协会（AAFP）给出的猫年龄阶段与人类年龄的关系。

生命阶段	猫的年龄	相当于人类的年龄
幼年猫	1月	1岁
	2~3月	2~4岁
	4月	6~8岁
	6月	10岁
	7月	12岁

续表

生命阶段	猫的年龄	相当于人类的年龄
年幼猫	12月	15岁
	18月	21岁
	2岁	24岁
成熟猫	3岁	28岁
	4岁	32岁
	5岁	36岁
	6岁	40岁
青壮年猫	7岁	44岁
	8岁	48岁
	9岁	52岁
	10岁	56岁
老年猫	11岁	60岁
	12岁	64岁
	13岁	68岁
	14岁	72岁
	15岁	76岁
	16岁	80岁

续表

生命阶段	猫的年龄	相当于人类的年龄
老年猫	17岁	84岁
	18岁	88岁
	19岁	92岁
	20岁	96岁
	21岁	100岁
	22岁	104岁
	23岁	108岁
	24岁	112岁
	25岁	116岁

猫从7岁龄开始就属于“青壮年期”了，11岁龄正式进入“老年期”。跟人相似，随着年龄逐渐增加，猫患某些疾病的风险会逐渐增高，身体机能也会逐渐下降，因此各位主人需格外留意猫咪的表现，并定期带他们去体检。

老年猫常见的健康问题

牙周病

猫咪早期的牙周病可能没有明显的症状，但后期可能会出现食欲不振、流涎、进食困难等症状，可以观察到牙龈红肿、牙结石等。最好的预防方法是每日刷牙以及定期洗牙。从小训练猫咪适应刷牙，可以大幅降低牙周病的发病率（详见前文）。请咨询你的宠物医生了解洗牙的情况，不建议非麻醉洗牙，这对猫来说应激过大。

体重下降

随着年龄增长，猫咪肌肉量减少，体重下降，髋部关节炎等疾病都会直接或者间接导致运动功能下降。消瘦也可能与牙病、甲状腺机能亢进等有关。在与宠物医生交流后，给予猫咪增进食欲的药物，进食要做到少食多餐。

慢性肾病

多数老年猫都患有慢性肾病，尤其是12岁龄以上的猫。常见的症状包括多饮、多尿、食欲不振、体重减轻等。

骨关节炎（退行性关节疾病）

大部分的猫在年老后都会出现骨关节炎问题，12岁龄以上的猫，90%患有骨关节炎，但只有少部分猫会出现明显的临床症状，如运动受限、疼痛等症状，应经过宠物医生评估后给予镇痛、抗炎药物。

高血压

可能与肾病和甲状腺机能亢进有关，若不加以控制，可能会导致猫咪失明。

甲状腺机能亢进

老年猫容易出现甲亢，尤其是12岁龄以上的猫。最常见的表现是饮水增多、进食增多、心跳加快、毛发蓬乱、呕吐、过度活跃、烦躁不安。经过确诊后应给予相应的抗甲状腺激素药物。

糖尿病

猫咪常见多饮多尿、后肢无力等症状。肥胖猫更容易患糖尿病，及早诊断和治疗非常关键。

感觉及认知障碍

猫可能会逐渐出现视力、听力和嗅觉下降等。高血压、甲状腺机能亢进继发的视网膜脱离可能会导致失明。猫咪也可能有认知障碍、生物钟紊乱等表现。睡眠模式可能会变化，甚至在夜间大叫等。

肿瘤

年龄越大的猫，患肿瘤疾病的风险也越高。大部分猫咪在肿

瘤早期并没有明显症状，需要通过一系列检查才可以排查出来。早期发现，及早干预，我们就能更主动地把控疾病，猫咪的生存期才能更长。一些临床上常见的肿瘤包括乳腺肿瘤、淋巴瘤、鳞状上皮癌、纤维肉瘤等。

老年猫健康问题严重

照顾老年猫的建议

❶ 老年猫活力下降，睡眠时间变长，且体重也可能会发生变化。这些都是正常的变化。

❷ 由于骨关节出现问题，他们可能变得不那么灵活，因此，要保证他们能轻松到达食物、猫砂盆和休憩的位置。食盆可以采用宽且浅的类型，便于他们进食。可以考虑更换边缘更低的猫砂盆，方便老年猫排泄。也可以考虑在多个房间放置食盆和猫砂盆，让他们能更方便地获取自己所需要的食物和到达排泄地点。若猫咪无法到达他喜欢的地方（如高处、窗台、纸箱里等），我们可以帮助他们，比如提供一些阶梯或坡道，同时可以盖上毯子防滑。

❸ 定期体检对老年猫尤为重要，最好能保证半年一次的体检频率（详见前文）。

④ 猫喜欢温暖的地方，我们应该给猫提供温暖的休息地，同时也要避免过热导致灼伤。

⑤ 不建议将小猫和老年猫一起养。因为小猫过于活跃，可能会打扰到老年猫休息，也可能会因为玩耍过激对老年猫造成损伤。

⑥ 更换猫粮。随着年龄增长、肾功能下降，猫对蛋白质的消化能力降低。中老年猫专用猫粮的蛋白质含量相对幼龄和成年猫猫粮来说较低，且优质蛋白比例更高。这对患有肾病的老年猫来说尤为重要。

⑦ 可以考虑使用湿粮，尤其是对于那些不爱喝水的猫，这样可以在一定程度上减缓猫咪肾病的进程。同时，也可以考虑使用喷泉或者在水内加入某些诱食剂，增加猫的摄水量。

⑧ 老年猫更难以适应改变，所以请尽可能保持环境的一致性，遵循猫的生活规律和习惯（详见前文）。

⑨ 帮助老年猫，尤其是长毛猫进行毛发梳理。老年猫肠道蠕动功能下降，经常消化不良，摄入过量的毛发会导致体内毛球积聚。可以考虑使用一些化毛的产品。

⑩ 仔细观察猫的变化，如是否有运动变化，是否有爬楼梯困难，是否跳跃困难，排便和排尿是否正常，食欲和饮欲是否改变等（详见前文）。如果猫出现呕吐、呼吸困难、昏睡、食欲不振、活动突然改变、不再打理毛发的情况，应第一时间带他们到医院就诊。

⑪ 老年猫，尤其是感官下降的猫，安全感降低，对人更为依赖，也需要我们更多的陪伴。

第12章

我的小天使，谢谢你的陪伴——猫咪的临终关怀

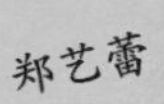

郑艺蕾

不知不觉间，猫咪已经陪我走过了20个年头。前几年我的猫咪被确诊慢性肾衰Ⅲ期。猫咪也从之前的“土肥圆”逐渐变成现在的“土瘦尖”。作为专业宠物医生，我清晰地了解慢性肾衰的发展方向，为了减缓疾病的发展，我给猫咪换了处方粮，定期为猫咪进行补液。最近我发现猫咪的口腔有溃疡，想吃东西但因为口腔疼痛不能多吃。在一个阳光和煦的午后，我躺在沙发上，看着卷成一团在阳光下熟睡的猫咪，认真地思考一个问题……

如何让猫咪的最后时光变得特别？

纵然有猫咪陪伴的时光多是欢乐、温情和幸福的。但我们都应该在情感和理智上为猫咪完整的一生做好准备。面对衰老或罹患绝症的老年猫，常常需要我们在等猫咪自然死亡和安乐死之间做出决定。提前做出计划将有助于减轻焦虑，从而为猫咪提供更完善的护理。

我该怎么做才能使猫咪感到特别？我应该如何充分表达爱意？是和他玩喜爱的玩具，还是给他吃喜欢的零食？

计划1：了解死亡的过程

许多人所希望的“自然死亡”是猫咪在一个晚上舒适地爬入他们的床，进入睡眠，然后平和离世。但很遗憾，这并不是猫咪自然死亡的方式，而且所谓的“自然死亡”也不总是平和发生。猫咪最后的日子可能会癫痫发作或呼吸困难。患有充血性心力衰竭的猫咪，随着心肺中积聚液体的增多，呼吸会变得越来越痛苦！肾脏或肝功能衰竭是另一种非常常见的疾病。这些器官的主要功能是滤除毒素，当这些毒素在血液中积聚到一定水平时，猫咪会感到不适，并因饥饿、脱水和毒素堆积导致并发症而缓慢死亡。患有关节炎的猫咪，运动更少，更难站立，而且腿部肌肉萎缩，最终，将完全失去行动能力。但是，这些不会马上终止猫咪的生命。主人在喂食物时会想：“我的猫咪怎么可能因为关节炎而死亡？”事实上，猫咪的死亡可能是由褥疮和感染等继发性并发症引起的。

没有“完美的死亡”。无论我们是否介入或者选择安乐，生命都会结束。如果你的猫咪碰巧平和地去世了，那你很幸运，这是你的猫咪给你的礼物，因为他不需要你代表他做出是否安乐的决定。

但如果到了需要你做出决定的时候，也请你妥善处理。目前在我国，就临终关怀的选择而言，人与动物之间的一个主要区别是动物可以被安乐。宠物医生可以给予老年猫药物用于镇痛、抗焦虑、减缓癌症、改善食欲，但当猫咪生活质量过低时，宠物医生将提出安乐建议。

值得一提的是，猫咪忍受痛苦的能力很强，在疼痛时会伪装，即使猫咪能吃饭、喝水，看起来没有那么病入膏肓，他们仍有可能非常疼痛。人类会对痛苦感到焦虑，而动物不会。猫咪不在乎他是否只有几个月的生命，仍旧照常生活，甚至有些猫咪在疼痛时也会发出咕噜声回应主人的爱意。是否需要做出“安乐”这一决定，对于一向缺乏“死亡教育”的我们来说是非常沉重的。选择了安乐是否就意味着我放弃了猫咪？猫咪会不会责备我？我的良心会不会长久不安？作为一名专业宠物医生，我认为：在猫咪被疾病折磨时，用安乐的方式让猫咪在麻醉的状况下无痛离去才是人道的，也是我们给他们的最后献礼。

计划2：什么是安乐？

宠物医生会给猫咪注射一种小的镇静剂（就像人在外科手术前注射少量的镇静剂或止痛药一样），帮助他们放松，再注射过量的巴比妥类药物作为麻醉剂让猫咪入睡，然后猫咪的脑部、心脏和肺部功能会快速逐一停止。在极少数情况下，某些猫咪可能会发出声音，这是自然的反应，并不意味着他们很痛苦。在猫咪死亡后的几分钟内，你可能会看到反射性肌肉运动或不自主的喘息，这些迹象并不表示猫咪在有意识地表达痛苦，而是反映出猫咪已经死亡。为了人的安全和健康，实施安乐后的猫咪应该及时处置。

照顾患有慢性病的猫可能需要花费大量的情感和财力，并非每个主人都能应付。如果猫咪没有康复的机会，并且我们无法给猫咪提供舒适生活所需的护理，又或者猫咪的病情无法预测地突然恶化，安乐可能是一个更好的选择。为猫咪提供安乐并不耻辱！除了需要花费一定的费用外，人道安乐确实没有任何不利的方面。在安乐期间，你可以和自己的猫咪进行交流，并进行一些纪念仪式。就我个人而言，用镇静和镇痛药物让猫咪的最后时光不会感到疼痛，是作为猫咪主人最后的爱意。

如何知道猫咪是否需要安乐呢？

1. 是否异常疼痛？猫咪疼痛的表现包括：不再像以前那样保

护自己的领地，不再欢迎主人回家，不再理毛，对食物和玩具的兴趣降低，无法独自站立或行走。

② 是否不能再大小便？是否频繁摔倒而不能走到猫砂盆前？

③ 是否开始发作癫痫？

④ 是否具有无法控制的攻击性，以至于威胁到他人安全？

⑤ 是否已经停止进食？

⑥ 是否有会随着时间而恶化的疾病？主人能否安排充足的时间照顾猫咪？

⑦ 主人经济上能否允许继续治疗？

⑧ 宠物医生推荐安乐吗？在猫咪的整个治疗过程中，是否有宠物医生来支持我和我的家人？

⑨ 是否接受猫咪即将离世？

⑩ 是否与宠物医生讨论过猫咪的药物及其作用？

以下方式可以帮助你做出决定

① 寻求宠物医生的帮助。虽然宠物医生无法为你做出决定，但让医生知道你正在考虑实施安乐，将有助你做出正确的决定。

② 记住猫咪在生病之前的样子和行为，对比观察他们前后的照片或录像。有时候变化是逐渐的，我们很难识别。

③ 在日历上标记“好日子”和“坏日子”。好坏的区分很简单，以猫咪的幸福或难过区分。如果猫咪的“坏日子”超过“好日子”，那么是时候考虑安乐了。

④ 列出你的猫咪喜欢做的3~5件事。当你的猫咪不再能够享受这些东西时，可能是时候讨论安乐了。

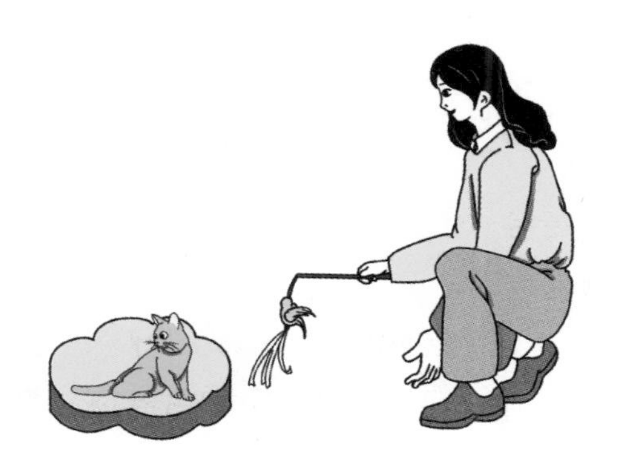

计划 3：如何照顾家人的情绪？

对于孩子来说，猫咪去世通常是他们第一次经历死亡。决定是否让孩子参与和陪伴猫咪最后的时光是一项非常重要的决定。父母通常想让孩子避免接触死亡相关的话题和事件，这是可以理解的，但是建议对孩子诚实。儿童的悲痛与成年人的悲痛有所不同，他们需要大量的爱、指导和支持。每个孩子都是独一无二的，不同年龄孩子的情感可能会随性别和心理状态而有不同的表现。

0~6岁阶段的小孩通常受到爸爸妈妈的情绪影响很大。作为成年人，我们自己知道，一瞬间感到悲伤并不意味着我们每天都在悲伤，但是小孩很难理解这种概念。建议不要让0~6岁的小孩过多参与猫咪安乐。对于会说话的小孩，通常一句简单的“妈妈很悲伤，因为猫咪不在家了”就足够了。

6~14岁的学龄儿童好奇心较强，他们聪明、有韧性。通常，这也是他们第一次经历死亡，看着父母悲伤或哀悼猫咪，他们将学会如何适当地对待死亡并表现出他们的感受，有助于孩子理解死亡的概念。我们应该询问这个年龄段的孩子是否愿意参与猫咪安乐的过程，他们可以自己做出决定。我们可以与孩子一起陪伴在猫咪身旁，以便孩子理解平和、有爱和从容的死亡概念。

14~21岁的青少年和年轻人是最难合作的群体。他们对世界有非常理想主义的看法，通常不了解苦难的概念。因此，安乐的决定对他们来说很难接受，认为爸爸妈妈正在“放弃猫咪”。这个年龄段的孩子应该得到足够多的信息以让他们感到自己足够成熟和重要。与他们讨论以上开放性问题，征求他们的反馈，并确保他们了解为什么以及如何为猫咪做出安乐决定。

在应对猫咪去世的问题时，请尝试以适合该年龄阶段的方式向他们承认并解释猫咪的死亡，同时避免混淆性的委婉说法。例如避免使用“走丢”或“睡觉”之类的词，以防止他们建立错误的期望。

计划4：如何纪念猫咪？

❶ 在花园、花盆中种树或栽花，悬挂有猫咪照片的挂牌。

❷ 画猫咪肖像，孩子可以画猫咪或写有关他们的故事，以缓解悲伤。

❸ 写信、博客或者微博，作为说再见的方式。

❹ 制作写有猫咪名字的牌匾或石头，印上出生和死亡日期。

❺ 将猫咪骨灰放在家里特殊的地方，旁边放上猫咪的照片。

❻ 制作猫咪相册、爪印纪念品、猫咪吊坠或挂牌。

猫咪骨灰罐

面对死亡，我们难以在理性和感性中求得平衡，这很正常，无须过于自责或沮丧。作为专业的宠物医生，我建议站在猫咪的角度思考问题：猫咪在临终前最想要的是什么？是哭闹还是平静友爱地对话？是想要在手术室摘除肿瘤还是通过保守疗法善终？世间没有“完美的死亡”，我们能做的是制订良好的规划，这将有助于我们在猫咪的最后时光更加专心地照顾他。

我曾再三纠结在本书的最后是否加入临终关怀一章，最后还是决定写一写关于猫咪的“死亡教育”。如果我们知道美好的日子有一天会结束，那我们就能珍惜和猫咪相处的每一天，并激励自己成为一位科学的“铲屎官”。

每个爱猫的人都有一个默契：养猫后的人生是以前的我们无法想象的，猫咪的陪伴让我们无比幸福，可爱的猫咪也见证了我们的成长。当有一天这些可爱的猫咪去了“喵星”，希望他也会对我有驻足、有回首、有怀念。我的小天使，感谢你来过人间，谢谢你对我的陪伴。

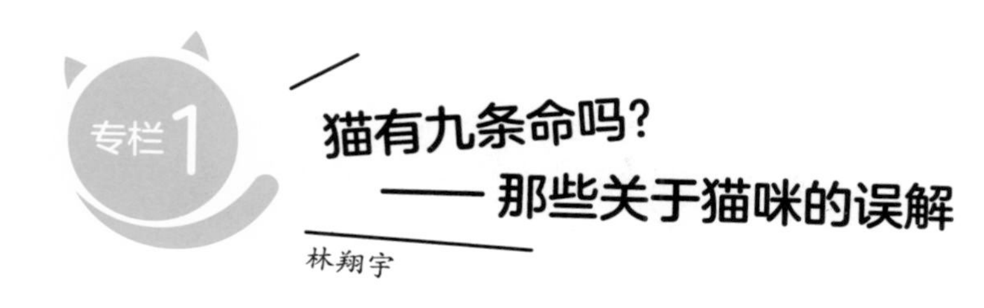

猫不怕高，猫有九条命吗？

猫从高处落下的时候，会快速调整自己的身体使脚部着地。但如果高度过高，缓冲不够的话，即使是脚着地，仍然有受伤的危险，猫咪可能出现骨折、内脏受损等。所以要记得把家中的窗户关好，防止猫咪跳下楼。

户外养猫对猫好吗？

虽然许多猫咪向往家门外的世界，但如果散养猫的话，他们更容易感染疾病，更容易发生意外——车祸、中毒、遭遇不测以及和其他猫打架受伤等，有时候他们还可能走丢。散养猫也会对城市里的其他小动物造成威胁（如鸟类）。如果散养猫没有绝育的话，他们意外生下的小猫可能也会成为新的流浪动物，给社会带来更大的负担。

实际上，如果在家里给猫提供足够多的玩具和刺激，他们在家里就能很满足。如果你的猫咪很喜欢出门，可以训练牵遛他们，购买遛猫的工具，在有主人陪伴的情况下带他们出去玩耍（但要记住事先打好疫苗，做好驱虫）。

不出门就不需要打疫苗和驱虫了吗？

猫即使不出门，人也会出门。人作为媒介，有可能将一些虫卵或病原“粘在身上”携带回家。因此为了安全起见，即使是家养的猫，我们也应该给他们注射疫苗和驱虫。如果猫咪是完全室内饲养，我们也可以考虑不注射狂犬加强疫苗。狂犬病只能通过咬伤和抓伤的渠道传播。如果我们无法保证猫不出门，打疫苗是最保险的。

猫咪打疫苗的时候，打在什么部位都可以吗？

猫可能患有一种罕见的肿瘤疾病——注射部位肉瘤，该疾病会发生在疫苗的注射部位，虽然发病概率非常低，但侵袭性很强。一旦发

病，难以完全切除，死亡率较高。因此，如果将疫苗打在四肢末端或者尾巴上，即使发病了，也可以通过截肢或者截尾来尽可能切除肿瘤，降低动物死亡率。因此，推荐将疫苗注射在四肢或尾部！

猫应该喝牛奶吗？

大多数成年猫体内都没有分解乳糖的酶，因此容易出现乳糖不耐受，若摄入太多牛奶，乳糖在消化道发酵，猫咪会呕吐、腹泻；若症状严重，可能会出现脱水、电解质紊乱等并发症。对于身边没有妈妈的小猫，主人可以购买专门的猫奶粉或者羊奶粉饲喂。

只养一只猫会孤独吗？

猫不是群居动物，他们并不一定需要同类在身边。但如果没有给猫足够的刺激和陪伴，猫也会感到孤独和无聊。因此，作为主人要每天安排一小段时间陪他们玩耍，模拟狩猎行为，并且给他们足够的陪伴。这样即使没有其他猫的陪伴，他们也不会感到孤独，而且如果家中贸然引入一只新猫，对原来的猫咪来说是很大的应激，关于如何引入新猫，请参阅前文。

猫不像狗，不会亲人，训练不了吗？

猫驯化的历史远远没有狗那么久远，因此很多猫在刚开始的时候并没有表现得像狗一样亲人。但猫也是很依赖人类的，若掌握了正确的训练方法，也同样可以达到想要的效果。关于如何训练猫咪，请参阅前文。

猫不需要运动吗？

猫如果不运动，很容易肥胖，尤其是绝育后的猫咪！绝育后的猫咪运动意愿会降低，需要主人花更多的精力陪他们玩耍，以保证足够的运动量。此外，充足的运动量也有利于猫咪的心理健康，满足他们的狩猎本能，猫咪会更快乐。

猫咪不乖，打了就乖了吗？

打猫会让猫应激，让猫畏惧主人，破坏猫和主人的感情！

训练动物时应遵循正向强化为主和负向惩罚为辅的原则即当喜欢动物某个行为的时候，给他喜欢的东西，让他知道这个行为是被鼓励的。例如，如果你喜欢猫咪趴在你的腿上，你可以在猫趴到你腿上的时候给他零食，鼓励他多重复这样的动作。

当不喜欢动物某个行为的时候，移除动物喜欢的东西。例如，

如果猫咪在半夜叫你起床，想跟你玩的时候，最好的办法就是不理他、忽略他；或者当猫咪抓挠你的时候，你应该离开他、不跟他玩或者把他关在房间里，而不是打骂他。

猫可以吃人或狗的食物吗？

猫和人对营养的需求是不一样的。人是杂食动物，猫是肉食动物。人类的食物中牛磺酸等营养成分不足，碳水化合物含量过高，若猫咪长期吃人的食物，会导致营养不均衡。而且人类的食物对于猫咪来说盐分过高，若长期摄入会对他们的心血管系统产生不利影响。另外，一些人类食物也对猫的机体会产生损害(如蒜、葱、韭菜、洋葱等)。同样，狗粮设计的营养成分和猫粮也有所不同，狗是杂食动物，且狗也没有需要补充牛磺酸这个问题，因此长期喂猫吃狗粮，也会导致营养不均衡。

需要给猫刷牙吗？

如果我们在猫咪小的时候就训练他们刷牙，以后出现牙龈炎、牙结石、牙周病的可能性就会大大减小。牙周病会导致猫牙痛、进食困难、口臭。因此建议“铲屎官”定期给猫咪预约专业的常规洗牙。与我们人类洗牙不同，猫需要全身麻醉才能洗牙。对于老年动物来说，麻醉有一定的风险。如果牙周病过于严重，医生可能会建议拔除某些牙齿，有时候甚至需要拔除全部的牙齿。因此，最好培养猫咪从小就刷牙的好习惯！

经常给猫洗澡可以让他干干净净吗？

猫的自洁能力很强，而且猫普遍对水比较恐惧，频繁的洗澡容易导致皮肤病，也会出现一系列应激的问题。因此，不建议过于频繁地给猫咪洗澡。可以是用湿巾、湿布清洁猫咪身体局部（如肛门），而不是直接用水冲洗。

给猫咪洗澡的时候应使用猫专用的洗浴用品。保护他们的耳朵和眼睛，不要让洗浴用品进入，同时要冲洗干净，防止猫舔舐。猫咪的面部和头部可以用擦拭的方法清洁，不要直接用水冲。猫咪洗完澡后及时用毛巾将其擦干。如果使用吹风机，注意不要靠得太近，防止烫伤猫咪。在使用吹风机的时候，也可以循序渐进，训练猫咪对吹风机的适应能力，防止猫咪被吹风机吓到而产生应激。

品种猫比田园猫更不容易生病吗？

由于选育所需，品种猫几乎是近亲繁殖的，通常携带品种特异性遗传病。例如折耳猫容易出现软骨发育不良。田园猫是杂交产生的，有杂种优势，对环境的适应性更强。我们在选猫的时候应该了解一下各个品种相应的常见遗传病。

体检是浪费钱吗？

体检有助于疾病的早期排查。如果能早期诊断疾病，动物可以早点接受治疗，减少痛苦。而且对于很多疾病来说，早期治疗的花费比后期再干预要少得多。

绝育是宠物医生赚钱的阴谋吗？

我们先反过来想，若不对动物进行绝育，他们可能会患上更多的疾病，繁育更多的猫咪后代，这样宠物医生反而更好赚钱。宠物医生建议绝育不是为了赚钱，而是为了动物的健康。

专栏2

猫的身体语言

林翔宇

了解猫的身体语言有助于主人了解他们的情绪，察觉出猫的恐惧、愤怒等负面心理状态。同时，如前文提到的，通过观察猫的身体语言，也可以帮助主人尽快发现猫生病、身体不舒服的情况。

耳朵

耳朵自然竖起，略微朝向两边：开心、放松。

耳朵竖起，向后翻转：生气。

耳朵竖起：警觉。

耳朵朝向两边，变平：害怕。

耳朵不对称：倾听。

眼睛

眼睛的放松程度：主人可以通过观察猫眼睛周围肌肉的放松程度来大概判断猫处于什么状态，是紧张、兴奋、警觉还是放松状态？当猫咪警觉、愤怒、希望对方远离自己的时候，他们的眼睛常看起来较凶，眼角上提，眼睛周围的皮肤具有棱角，不是光滑的弧形。而猫咪处于放松状态的时候，眼睛也较放松。

瞳孔大小：光照会导致瞳孔缩小，在光照相同的情况下，瞳孔放大说明猫咪可能处于紧张、害怕的状态。瞳孔缩小可能说明猫咪处于兴奋、攻击的状态。瞳孔大小还与其他因素有关，应该结合猫咪的其他表现综合判断猫的状态。

胡须的位置

向前：说明猫可能处于攻击、警觉、玩耍的状态。

向后：说明猫可能处于恐惧状态。

朝向两边：说明猫是放松的。

胡须两边翘起：说明猫可能处于疼痛状态。

尾巴

尾巴竖起，顶端可能呈小钩状或晃动尾巴：友好、开心。

尾巴夹在两腿之间：害怕、恐惧。

尾巴竖起并炸毛：愤怒、生气、感觉被冒犯。

尾巴朝下并炸毛：可能处于害怕状态。

尾巴朝下，晃动：可能处于攻击状态。

尾巴斜着朝上：处于舒服的状态。

坐着，尾巴摇晃：处于激动状态。

坐着，尾巴顶端竖起：处于警觉、感兴趣的状态。

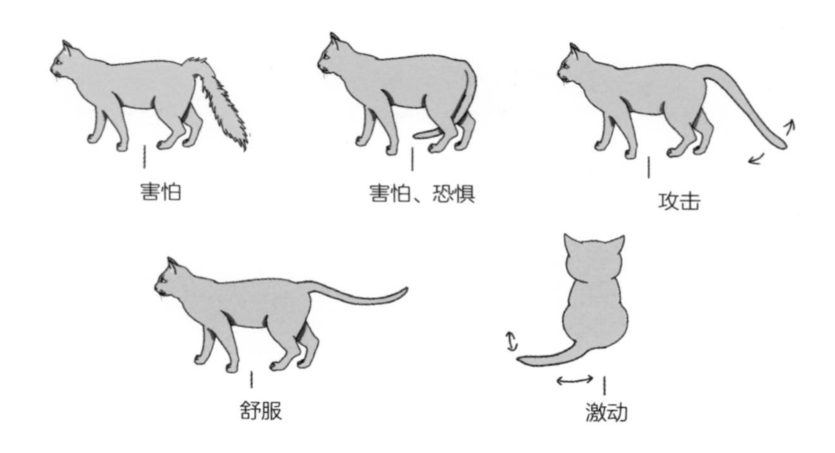

其他特征

猫咪弓着背常说明他处于害怕状态，全身毛发竖起（炸毛）可能说明猫很愤怒、害怕。猫的愤怒和害怕的情绪常常是相关的，如果猫咪觉得他无法通过攻击对方来守护自己的领地，那么他的愤怒可能很快会变成害怕，害怕状态的猫同时也有可能具有攻击性。猫离开自己的领地，或者他所在的领地被别人“占领”时，他们常常会愤怒或者害怕，因而表现出攻击性或者躲藏行为。当猫发出嘶叫、低声怒吼的时候，也说明他处于愤怒或者害怕的状态。区分愤怒和害怕可以通过瞳孔来判断，若瞳孔完全放大，说明他很可能是害怕的，若瞳孔并没有完全放大，则可能是愤怒的。我们也可以观察猫的胡须，若胡须向前可能代表愤怒，向后则可能代表害怕。

猫用脚按摩、揉捏东西（踩奶），说明猫处于满足的状态。猫咪可以通过脚上的汗腺在物体或者人身上留下自己的气味。猫贴着物品或者蹭人，是为了将自己的气味留在上面，起到做标记的作用。猫在地上打滚、肚皮朝外，说明猫处于放松、信任的状态，并享受主人的陪伴，但这并不说明他希望你抚摸他的肚子哦。伸懒腰、舔毛，也说明猫处于愉快、放松的状态，但过度梳理毛发也可能说明猫处于紧张、应激的状态。

猫发出低沉的咕噜声，说明他现在处于一种很舒服、有安全感的状态，正在享受主人的陪伴。但有时候，生病的猫也会发出咕噜声。猫对着主人喵喵叫常常是有一些诉求，例如饿了或是想要主人陪伴，有时候也是打招呼、吸引人类注意力的表现。

在猫主动去嗅闻费洛蒙（一种信息素，用于猫咪之间的交流）的时候，嘴巴会略微张开，然后嘴唇后移，表现出如图所示的样子，被称作裂唇嗅反应（Flehmen response），是一种正常现象。

参考文献

[1] 李娟．财产保险公司盈利模式分析 [J]．财政监督，2010（24）：71-72.

[2] Meghan Herron, Debra F. Horwitz, Carlo Siracusa, et al. Decoding Your Cat[M]. New York, USA: American College of Veterinary Behaviorists, 2020.

[3] Robbins MT, Cline MG, Bartges JW, et al. Quantified Water Intake in Laboratory Cats from Still, Free-falling, and Circulating Water Bowls, and its Effects on Selected Urinary Parameters[J]. Journal of Feline Medicine and Surgery, 2019, 21(8): 682-690.

[4] Carney HC, Sadek TP, Curtis TM, et al. AAFP and ISFM Guidelines for Diagnosing and Solving House-Soiling Behavior in Cats[J]. Journal of Feline Medicine and Surgery, 2014, 16(7): 579-598.

[5] Ellis SLH, Rodan I, Carney HC, et al. AAFP and ISFM Feline Environmental Needs Guidelines[J]. Journal of Feline Medicine and Surgery, 2013, 15(3): 219-230.

[6] Hoyumpa Vogt A, Rodan I, Brown M, et al. AAFP-AAHA Feline Life Stage Guidelines[J]. Journal of Feline Medicine and Surgery. 2010, 12(1): 43-54.

[7] Gyles C. Raw Food Diets for Pets[J]. The Canadian Veterinary Journal, 2017, 58(6): 537-539.

[8] Verbrugghe A, Hesta M. Cats and Carbohydrates: The Carnivore Fantasy?[J]. Vet Sci, 2017, 4(4):55.

[9] Herron ME, Siracusa C, Horwitz D, et al. Decoding Your Cat: The Ultimate Experts Explain Common Cat Behaviors and Reveal How to Prevent or Change Unwanted Ones[M]. Boston, USA: Houghton Mifflin Harcourt, 2020.

[10] AAFP Position Statement: Declawing[J]. Journal of Feline Medicine and Surgery, 2017, 19(9):NP1-NP3.

[11] Vitale Shreve KR, Mehrkam LR, Udell MAR. Social interaction, food, scent or toys? A formal assessment of domestic pet and shelter cat (Felis silvestris catus) preferences[J]. Behavioural Processes, 2017, 141 (Pt3): 322-328.

[12] Etienne C, Leah C. Clinical Veterinary Advisor Dogs and Cats [M]. St. Louis, MO, USA: Elsevier, 2020.

[13] Kustritz Margaret V Root. Determining the Optimal Age for Gonadectomy of Dogs and Cats[J]. Journal of the American Veterinary Medical

Association, 2007, 231(11): 1665-1675.

[14] Susan E. The Merck Veterinary Manual[M]. Kenilworth, USA: Merck & CO, INC, 2016.

[15] Ryane E E. Performing the Small Animal Physical Examination[M]. Hoboken, USA: WILEY, 2017.

[16] Paulo V S, Beatriz P M. Acute Pain in Cats: Recent Advances in Clinical Assessment[J]. Journal of Feline Medicine and Surgery, 2019, 21(1): 24-34.

[17] Tilley L P, Francis W K, Smith J R. Blackwell' s Five-Minute Veterinary Consult: Canine and Feline[M]. Hoboken, USA: Wiley Blackwell. 2016.

[18] Ilona R, Sarah H. Feline Behavioral Health and Welfare[M]. St. Louis, USA: Elsevier, 2016.

[19] Gary L, Wayne H, Lowell A. Behavior Problems of the Dog and Cat[M]. St. Louis, USA: Saunders, 2013.

[20] Stone AE, Brummet GO, Carozza EM, et al. 2020 AAHA/AAFP Feline Vaccination Guidelines[J]. J Feline Med Surg. 2020 , 22(9):813-830.

[21] Amy M, Lorena S, Danielle A G. Feline Aging: Promoting Physiologic and Emotional Well-Being[J]. Veterinary Clinics of North America: Small Animal Practice, 2020, 50(4): 719-748.

[22] Mark E, Ned F K, Gary L, et al. AAHA Senior Care Guidelines for Dogs and Cats[J]. Journal of American Animal Hosipital Association, 2005,

41(2): 81-91.

[23] Amy H V, Ilona R, Marcus B, et al. AAFP-AAHA Feline Life Stage Guidelines[J]. Journal of Feline Medicine and Surgery, 2010, 12(1): 43-54.

[24] Johnson CL, Patterson-Kane E, Lamison A, et al. Elements of and Factors Important in Veterinary Hospice[J]. Journal of American Veterinary Medicine Association, 2011, 238(2): 148-150.

[25] Thayer V, Monroe P, Robertson S. AAFP Position Statement[J]. Journal of Feline Medicine and Surgery, 2010, 12(9): 728-730.

写在最后

我第一次养猫的时候，手忙脚乱，总想给她最好的，但却出现了很多问题。我刚开始把猫咪领回家时，由于害怕她总是躲在床下。到了该打疫苗和驱虫的时候，我和大家一样，也非常迷茫。我们获取信息的方式很多，但是这些信息都是零散的，并不系统，有时候我们也不确定网上的说法是否科学。后来我读了兽医专业才慢慢意识到，那个时候我做得还远远不够。

根据《2020 年中国宠物行业白皮书》，我国宠物中，猫占比已高达 46%，养猫人数仅在 2020 年就增长了 10.2%，越来越多的“新养猫人”需要养猫知识的科普。因此我们决定，要写一本书给猫咪的主人，这本书中包含了我们搜集的关于养猫的一些常见问题，希望我们的书能给大家带来一些指引和建议，消除初养猫时的困惑。

我们参阅了一些国际最新指南，引用了一些兽医领域和动物行为领域的书籍和期刊文献，力求提供给大家的信息更客观、准确。但由于我们能力有限，尽管经过反复校阅，但书中仍可能有所纰漏，若发现错误或有相关建议，烦请不吝赐教，以便再版时更正。医学知识在不断更新，本书只是作为一个参考，医疗决定请仍以执业兽医的医嘱和意见为主。

本书由陈鼐蕾副教授、郑艺蕾副教授和本人分章编写。感谢出版社工作人员，感谢为我们提供建议的朋友们，感谢我们的家人们，感谢曾经或正出现在我们每个人生命中的猫咪天使。

祝愿各位朋友的猫咪都能健康快乐地长大！

林翔宇

2022 年 8 月